人工智能采集和分析基础
（Python 版）

盛鸿宇　王新强　编

西安电子科技大学出版社

内 容 简 介

本书为人工智能相关数据采集、处理和分析的入门教材，以任务驱动为主线，按照数据采集系统的开发流程详细介绍了数据采集、数据处理、数据分析等方面的开发技术，包含 Python 数据操作、NumPy 和 Pandas 数据处理与分析、Requests 网页访问、XPath 和 re 内容解析、Scrapy 网页数据采集、Matplotlib 可视化数据分析等。

本书将理论与实践相结合，通过实际的操作案例，由浅入深地对数据采集实现所需的理论知识与方法进行了讲解，语言精练，通俗易懂，内容系统全面，可帮助开发人员快速实现海量数据的采集、处理与分析。

本书为人工智能数据采集的实现提供技术指导，既可作为高等院校计算机类专业的教学用书，也可作为相关技术人员的参考用书。

图书在版编目(CIP)数据

人工智能采集和分析基础：Python 版/ 盛鸿宇，王新强编. —西安：西安电子科技大学出版社，2022.11

ISBN 978–7–5606–6580–1

Ⅰ. ① 人… Ⅱ. ① 盛… ② 王… Ⅲ. ① 人工智能—数据处理 Ⅳ. ① TP18

中国版本图书馆 CIP 数据核字(2022)第 127202 号

策　　划　毛红兵
责任编辑　毛红兵
出版发行　西安电子科技大学出版社(西安市太白南路 2 号)
电　　话　(029) 88202421　88201467　　　　邮　　编　710071
网　　址　www.xduph.com　　　　　　　电子邮箱　xdupfxb001@163.com
经　　销　新华书店
印刷单位　西安创维印务有限公司
版　　次　2022 年 11 月第 1 版　　2022 年 11 月第 1 次印刷
开　　本　787 毫米×1092 毫米　1/16　印张 12.5
字　　数　292 千字
印　　数　1～2000 册
定　　价　37.00 元
ISBN　978–7–5606–6580–1 / TP
XDUP 6882001–1
如有印装问题可调换

前　言

随着人工智能的不断兴起及其相关技术的发展进步，越来越多人工智能产品和应用出现在各行各业中。实现人工智能往往需要海量数据，使用传统的以处理器为中心的数据采集方法，不管是在存储管理方面还是在数据量方面，都不能支持庞大数据的采集。人工智能数据采集技术的出现使这一现状得到了解决，利用这一技术不仅可以采集各种各样的数据，还能够减轻开发人员进行数据采集的工作量，提高开发效率。

本书以人工智能数据采集的实现为主线，通过理论与实践相结合的方式，从不同的视角对人工智能数据采集的各种方式以及典型的项目案例进行了介绍，涉及人工智能数据采集的各个方面。全书共设六个学习单元。

学习单元一详细介绍了 Python 数据操作的相关内容，包括数据采集、数据处理、数据分析等内容。

学习单元二详细介绍了 NumPy 和 Pandas 数据处理与分析，包括 NumPy 和 Pandas 简介及安装、NumPy 数组、NumPy 数据分析函数、Pandas 基础、Pandas 数据管理与聚合等内容。

学习单元三详细介绍了 Requests 网页访问的实现，包括网络请求和爬虫、Requests 简介及安装、Requests 使用、Beautiful Soup 环境安装、Beautiful Soup 使用等内容。

学习单元四详细介绍了 XPath 和 re 内容解析，包括正则表达式的定义和使用、XPath 介绍、XPath 使用等内容。

学习单元五详细介绍了 Scrapy 网页数据采集的相关知识，包括 Scrapy 简介和安装、操作指令使用、字段定义、参数设置、文本解析以及内容存储等。

学习单元六详细介绍了 Matplotlib 可视化数据分析，包括 Matplotlib 简介、Matplotlib 核心属性概念、Matplotlib 绘图模块 pyplot 以及如何使用 Matplotlib 进行图形绘制等内容。

本书结构条理清晰，内容详细，每个单元都通过项目概述、思维导图、思政聚焦、学习任务、小结、总体评价、课后习题等模块进行相应知识的讲解。其中，项目概述对本单元的学习内容进行简单介绍；思维导图清楚地展示了本单元的学习脉络；思政聚焦对本单元学习的思想高度提出了要求；学习任务中的任务描述对当前任务的实现进行了概述，知识准备对实现当前任务的相关知识进行了讲解，任务实施通过实际案例实现对所学知识的应用；小结对本单元内容进行总结；总体评价供读者对本单元知识的学习情况进行评价；课后习题用于读者对本单元知识进行检测。

　　本书充分依托现代教育技术手段，以"融合""共享""互动"为特色，注重专业教学内容与能力培养的有效对接，很好地解决了学与练、练与用的难题。

编　者

2022 年 7 月

目　录

学习单元一　Python 数据操作

项目概述

　　随着时间的推移，编程语言有了长足的发展，为了满足不同领域的编程要求和软件功能，编程语言亦呈现出多样化。目前，常用的编程语言有 C、Java、JavaScript、Python 等。其中，Python 是最受欢迎的语言，是一个高层次的结合了解释性、编译性、互动性和面向对象的脚本语言。Python 还被称为"胶水"语言，其包含了丰富和强大的第三方库，如NumPy、Pandas、Scrapy、Matplotlib 等，能够实现数据的各种操作，包括数据采集、数据处理、数据分析等。本单元将通过对 Python 数据采集、数据处理、数据分析等相关内容的讲解，介绍 Python 的数据操作。

思维导图

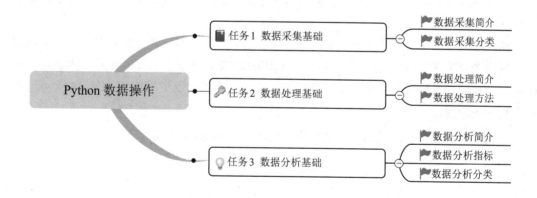

思政聚焦

　　在人工智能、数据采集和数据分析领域，Python 是最常用的编程语言，Python 语言虽然入门简单，但需要较为严密的逻辑思维，学习过程中需要保持端正的学习态度，一步一个脚印打好基础，用心做好每一件事。做人也必须脚踏实地一步一个脚印去提高自己，切不可三天打鱼两天晒网。要想成为一个德才兼备的人，就必须全面提高自己的各个方面，要做到一年如一日的坚持，虽然过程会比较辛苦，但是最后的结果往往会出乎意料。

任务 1 数据采集基础

【任务描述】

数据是数据操作的前提，只有存在数据，才有操作数据的可能。本任务将对数据采集相关内容进行介绍，主要内容如下：

(1) 数据采集概念；

(2) 数据采集分类。

【知识准备】

一、数据采集简介

数据采集，又称数据获取，是利用一种装置从系统外部采集数据并输入到系统内部的一个接口的过程。数据采集技术广泛应用在各个领域。采集的数据是已被转换为电信号的各种物理量，如温度、水位、风速、压力等，它们可以是模拟量，也可以是数字量。

在互联网行业快速发展的今天，随着数据量的不断增长，数据采集已经被广泛应用于互联网及分布式领域。

新时代的数据采集是从传感器和智能设备、企业在线系统、企业离线系统、社交网络和互联网平台等获取数据的过程。数据包括 RFID 数据、传感器数据、用户行为数据、社交网络交互数据及移动互联网数据等各种结构化、非结构化及半结构化的海量数据。

1. 结构化数据

结构化数据最常见，是指具有某种模式的数据，如图 1-1 所示。

id	name	age	gender
1	Liu Yi	20	male
2	Chen Er	35	female
3	Zhang San	29	male

图 1-1 结构化数据

2. 非结构化数据

非结构化数据是指结构不规则或不完整，没有预定义模式的数据，包括所有格式的办公文档、文本、图片、HTML、各类报表、图像和音频/视频信息等，如图 1-2 所示。

```
<person>
    <name>A</name>
    <age>13</age>
    <gender>female</gender>
</person>
```

图 1-2　非结构化数据

3. 半结构化数据

半结构化数据是介于结构化数据与非结构化数据之间的数据，如图 1-3 所示。XML 和 JSON 就是常见的半结构化数据。

```
{
    name:"A",
    age:13,
    gender:"female"
}
```

图 1-3　半结构化数据

二、数据采集分类

相比于传统的人工录入、调查问卷、电话随访等数据采集方式，新时代的数据采集，根据数据源的不同，其方法也不相同。目前，数据采集有四种常用方法，即感知设备数据采集、系统日志采集、网络数据采集和数据库采集。

1. 感知设备数据采集

感知设备数据采集指通过传感器、摄像头或其他智能终端自动感受信息，实现信号、图片、视频等数据的获取，并按一定规律变换成为电信号或其他所需形式的信息输出。例如，电子温度计、交通监控摄像头、照相机等的工作就属于感知设备数据采集。交通监控摄像头如图 1-4 所示。

图 1-4　交通监控摄像头

2. 系统日志采集

系统日志采集主要是收集系统日常产生的大量日志数据,如浏览日志(PV/UV 等)、交互操作日志(操作事件)等,供离线和在线的数据分析系统使用。目前,系统日志采集通过在系统的页面中植入具有统计功能的 JS 代码来实现,可以在项目开发过程中手动植入,也可以在服务器请求时动态植入,并在采集完成后,根据不同需求选择立即或延迟汇总方式通过 HTTP 参数传递给后端,最后由后端脚本解析该 HTTP 参数,依据格式将数据存储到访问日志中。系统日志采集流程如图 1-5 所示。

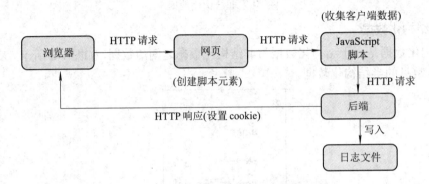

图 1-5　系统日志采集流程

3. 网络数据采集

网络数据采集是使用网络爬虫、公开 API 等方式在网上到处或定向抓取特定网站网页数据信息的过程。其中,网络爬虫是目前网络数据采集最常用的方式,即从一个或多个网页的 URL 地址开始,在获取当前网页内容的同时,不断获取新的 URL 并放入访问队列,直到完成数据获取工作。

通过网络爬虫,可以将网页中的非结构化数据、半结构化数据从网页中提取出来,包括文本数据、图片数据、音频文件、视频文件等,最后可对提取后的数据进行分析或存储到本地文件、数据库等。

网页的爬取可以使用多种语言(如 Node.js、PHP、Java、Python 等)来实现。目前,Python 提供了多个第三方用于爬虫操作的库,包括 Requests、Beautiful Soup、XPath、re、Scrapy 等。

1) Requests

Requests 是一个使用 Python 语言编写,基于 urllib 采用 Apache2 Licensed 开源协议开发的 HTTP 库。Requests 图标如图 1-6 所示。

图 1-6　Requests 图标

2) Beautiful Soup

Beautiful Soup 是一个 HTML 或 XML 解析库，它包含多个能快速获取数据的 Python 函数，通过少量代码即可编写出一个完整的应用程序，用于进行文档的解析，从而为用户抓取需要的数据。

3) XPath

XPath 即 XML 路径语言，是一门在 XML 文档中查找信息的语言，它同样适用于 HTML 文档的搜索，在爬取网页数据时可以使用 XPath 做相应的信息抽取。

4) re

re 模块是 Python 的一个内置模块，其提供了多个正则表达式应用方法，可以实现字符串的查询、替换、分割等。

5) Scrapy

Scrapy 是一个基于 Python 应用的可进行 Twisted 异步处理的第三方应用程序框架，用户只需要定制开发几个模块即可实现一个爬虫，用来快速爬取网站并从页面中抓取网页内容以及各种图片。Scrapy 的图标如图 1-7 所示。

图 1-7 Scrapy 的图标

简单来说，Requests 和 Scrapy 用于访问网页地址来获取页面内容，而 Beautiful Soup、XPath 和 re 则通过解析页面来提取数据。一个完整的网页爬取程序需要将 Requests、Beautiful Soup、XPath、re、Scrapy 等结合起来使用，并选择合适的库。

4. 数据库采集

数据库采集就是在采集端部署大量数据库，并在多个数据库之间进行负载均衡和分片，以实现数据的采集工作。

目前，数据库被分为两个大类：一类是传统的关系型数据库(SQL)，指采用关系模型来组织数据的数据库。SQL 以行和列的形式存储数据，以便于用户理解。大部分企业使用的数据库为 MySQL 和 Oracle 等。Oracle 和 MySQL 图标如图 1-8 所示。

图 1-8 Oracle 和 MySQL 图标

另一类是非关系型数据库(NoSQL)，指非关系型的、分布式的数据库。NoSQL 以键值对形式存储数据，结构不固定，能够极大地减少空间开销，如 Redis、HBase、MongoDB

等(其图标如图 1-9 所示)。

图 1-9　Redis、HBase、MongoDB 图标

任务 2　数据处理基础

【任务描述】

在采集到数据后，由于网络异常、代码质量问题、无效请求等原因，会出现数据采集不准确的情况，本任务将对数据处理相关内容进行介绍，主要内容如下：

(1) 数据处理简介；

(2) 数据处理方法。

【知识准备】

一、数据处理简介

在数据采集完成后，采集到的数据往往是不规则、非结构化的，且数据中存在含噪声(错误)、不完整(缺失)、不一致(冲突)等问题。因此，需要在使用数据之前，对其进行相关的数据处理操作，以使数据更加规范，便于查看，同时提高数据分析结果的准确性。

在一个完整的数据采集与处理过程中，由于数据规模的不断扩大以及数据缺少、重复、错误等问题的出现，用户需要花费 60%左右的时间在数据的处理操作上，由此可知，数据处理是不可或缺的。

针对数据处理的实现，不同的用户可以选择不同的方式。对于非开发人员，只需采用数据处理工具，即可完成海量数据的处理工作，只关注处理结果，而不需要了解内部的处理过程。目前，常用的数据处理工具有 Kettle、Data Pipeline、Beeload、Oracle、MySQL 等。

(1) Kettle。Kettle 是一款基于 Java 开发的数据处理工具，能够通过界面中相关的按钮设置数据处理操作并以命令行形式执行，不仅支持数据库、文本的输入/输出，还可以按照用户需求进行数据的输出。Kettle 图标如图 1-10 所示。

图 1-10　Kettle 图标

(2) Data Pipeline。Data Pipeline 主要给企业用户提供数据基础架构服务，具有数据质量分析、质量校验、质量监控等多个数据处理功能，保证了数据质量的完整性、一致性、准确性及唯一性。Data Pipeline 图标如图 1-11 所示。

(3) Beeload。Beeload 是一款国产的集数据抽取、清洗、转换及装载于一体的数据处理工具，能够标准化企业产生的数据，控制数据质量，并将其提供给数据仓库，提高了决策分析的正确性。Beeload 图标如图 1-12 所示。

图 1-11　Data Pipeline 图标　　　　　　　　　　图 1-12　Beeload 图标

而对于开发人员，则需了解能够用于数据处理的程序设计语言。Python 中包含多个数据处理模块，如 NumPy、Pandas 等。

(1) NumPy。NumPy 是 Python 中用于实现数值计算的第三方库，能够使用向量和数学矩阵以及许多数学函数处理大型矩阵数据。

(2) Pandas。Pandas 是基于 NumPy 开发的用于实现数据处理和分析的 Python 数据处理模块，其集成了大量的库和多个标准数据模型，可以实现数据集的快速读取、转换、过滤、分析等功能。Pandas 的图标如图 1-13 所示。

图 1-13　Pandas 图标

二、数据处理方法

简单来说，数据处理就是对大量的、杂乱的、难以理解的数据进行加工的过程，其涉及的内容远远大于一般的算术运算，主要包含数据清理、数据集成、数据规约与数据转换等。

1. 数据清理

数据清理主要用于清除数据中的噪声，填充不完整数据，纠正不一致数据，以提高数据的一致性、准确性、真实性和可用性等。目前，数据清理主要包括四个方面，分别是缺失值清洗、格式内容清洗、逻辑错误清洗、非需求数据清洗。

1) 缺失值清洗

缺失值是指由于机械原因(数据收集或存储失败)或人为原因(由人的主观失误、历史局限或有意隐瞒)造成的数据缺失，也就是数据集中某个或某些属性的值不完整。目前，缺失值的清洗有多种方法。常用方法如表 1-1 所示。

表 1-1　缺失值清洗方法

方　法	描　述
删除	删除有缺失数据的整行数据或删除有过多缺失数据的变量，但会导致信息丢失
人工填写	以业务知识或经验推测并填充缺失值
计算结果填充	利用均值、中位数、众数、随机数等进行填充
就近补齐	在完整数据中找到一个与它最相似的对象，然后使用相似对象的值填充数据

具体的缺失值清洗过程如下：

第一步：确定缺失值范围；

第二步：删除不需要的字段；

第三步：填充缺失内容或重新取数。

2) 格式内容清洗

在传统的数据采集中，人工采集数据或用户填写数据时，容易出现数据格式不一致，数据中包含不该存在的字符，数据与字段不匹配等情况，这时就需要对数据的格式进行清洗。

目前，针对不同的情况有不同的清洗方法。对于格式不一致的情况，只需修改格式，将其变为统一格式即可，如图 1-14 所示。

对于数据中包含不该存在字符的情况，需要以半自动半人工校验方式来找出可能存在问题的数据，并去除或修改数据中不符合格式的字符，如图 1-15 所示。

图 1-14　统一日期格式　　　　　图 1-15　删除并修改身份证号中的字符

对于数据与字段不匹配的情况，不能直接删除，需要了解具体问题，再根据情况选择清洗方法，如图 1-16 所示。

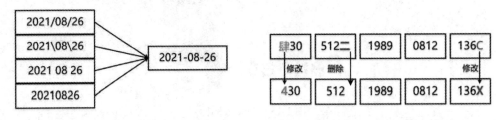

图 1-16　字段变换

3) 逻辑错误清洗

逻辑错误清洗指解决数据中数据重复、数值不合理、数据冲突等问题的操作。其中，对于数据重复的情况，需要执行删除操作，如图 1-17 所示。

编号	商品名称	数量	价格
1	冰箱	19	3000
2	洗衣机	19	1000
3	空调	20	2000
4	洗衣机	19	1000

图 1-17　去除重复值

针对数值不合理的情况，可以选择删除该数据或按缺失值对该数据值进行处理，如图 1-18 所示。

图 1-18　使用平均值替换不合理值

针对数据中字段值之间存在冲突的情况，需要判断哪个字段的信息更为准确，之后再选择删除或修改该数据，如图 1-19 所示。

图 1-19　修改冲突值

4) 非需求数据清洗

非需求数据就是没有分析意义或不会被分析的数据，在数据处理操作中，只需将其删除即可。但需要注意的是，不要把重要字段(如学生数据中的姓名、学号等)、不确定是否需要字段(如学生数据中的身高、体重等，在进行成绩分析时并不需要，但在进行学生健康情况分析时需要)等删除。

2. 数据集成

数据集成可以将互联网中分布的不同结构数据源(各类 XML 文档、HTML 文档、电子邮件、文本文件等结构化、半结构化信息)中的数据集成到一个系统中，用户不需要关注访问的实现，只需关注访问方式即可，能够极大地提高数据的一致性和信息共享利用率。数据集成系统如图 1-20 所示。

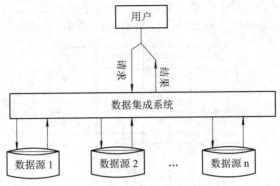

图 1-20　数据集成系统

通过数据集成，能够让用户低代价、高效率地使用异构数据，但还存在着如下问题：

(1) 异构性：数据模型异构，如数据语义不同，数据使用环境不同等。

(2) 分布性：数据被存在多个不同的数据源中，数据之间依赖网络进行通信，存在网络传输的性能和安全性等问题。

3. 数据规约

数据量的不断增加给数据处理和分析工作带来了极大的压力，时间也不断增长。因此，需要在尽量保证数据原貌的前提下对数据进行精简操作，使精简后的数据可以产生与原数据相同的(几乎相同的)效果，这个精简数据量的过程即为数据规约操作。通过数据规约，不仅能降低数据存储成本，大幅减少数据分析时间，还可以减少无效、错误的数据，从而提高数据分析的准确率。

目前，数据规约有维规约、数量规约和数据压缩三种方法。

(1) 维规约主要作用于多维数组，可以将不需要的整列数据删除，实现数据维数的减少，提高计算效率。维规约如图 1-21 所示。

	A	B	C	D	E
1	40.4	24.7	7.2	6.1	8.3
2	25	12.7	11.2	11	12.9
3	13.2	3.3	3.9	4.3	4.4
4	22.3	6.7	5.6	3.7	6
5	34.3	11.8	7.1	7.1	8
6	35.6	12.5	16.4	16.7	22.8
7	22	7.8	9.9	10.2	12.6

```
[[1.05001221 -5.51748501 -5.9122121121]
[-22.99722874 -1.97412405 -0.20900558]
[-13.89767671 3.37263948 -0.79992678]
[5.67710353 10.923606 11.64081709]
[25.0534891 -6.9734989 0.85775793]
[-2.81280563 -6.07880095 -2.65207248]
[14.1489874 16.43302809 -4.11709058]]
```

图 1-21　维规约

(2) 数量规约也叫数值规约，通过在原数据中选择替代的、较少的数据来减少数据量。目前，数量规约分为有参数方法和无参数方法。

① 有参数方法：使用一个模型来评估数据，只需存放参数，而不需要存放实际数据，

如线性回归、多元回归等。

② 无参数方法：需要存放实际数据，如直方图、聚类、抽样等。

(3) 数据压缩作用于存储空间，在不丢失有用信息的前提下，通过缩减数据量或重新组织结构来减小数据的存储空间，从而提高其传输、存储和处理效率。目前，数据压缩分为有损压缩和无损压缩。有损压缩只能近似重构原数据；无损压缩的数据能够重构数据结构，恢复原来的数据。数据压缩如图 1-22 所示。

图 1-22　数据压缩

按照压缩文件类型，数据压缩又可以分为字符串压缩和音频/视频压缩。

① 字符串压缩：通常是无损压缩，在解压缩前对字符串的操作非常有限。

② 音频/视频压缩：通常是有损压缩，压缩精度可以递进选择，有时候可以在不解压整体数据的情况下重构某个片段。

4. 数据转换

数据转换主要用于数据的规范化处理，将不符合需求的数据或数据格式转换为适合统计分析的数据。目前，常用的数据转换方法有光滑、属性构造、规范化等。

1) 光滑

光滑是指通过回归、分类等算法去掉数据中含有的噪声。

2) 属性构造

属性构造是指在指定结构的数据集中添加新的属性，以提高准确率和对高维数据结构的理解。属性构造如图 1-23 所示。

	A	B		A	B	C
1	供入电量	供出电量	1	供入电量	供出电量	线损率
2	986	912	2	986	912	0.07505071
3	1208	1083	3	1208	1083	0.103476821
4	1108	975	4	1108	975	0.120036101
5	1082	934	5	1082	934	0.136783734
6	1285	1102	6	1285	1102	0.142412451

图 1-23　属性构造

3) 规范化

规范化是指将数据集中的数据按一定比例进行缩放操作，使之落入特定的区间内。目前，常用的数据规范化方法有零-均值标准化、归一化等。其中，零-均值标准化也叫标准差标准化，即使用原始数据的均值和标准差进行数据的标准化操作，值域为[-3, 3]，经过处理的数据符合标准正态分布，即均值为 0，标准差为 1。零-均值标准化如图 1-24 所示。

						0	1	2	3
78	521	602	2863		0	-0.905383	0.635863	0.464531	0.798149
144	-600	-521	2245		1	0.604678	-1.567675	-2.193167	0.369390
95	-457	468	-1283		2	-0.516428	-1.304030	0.147406	-2.078279
69	596	695	1054		3	-1.111301	0.784628	0.684625	-0.456906
190	527	691	2051		4	1.657146	0.647765	0.675159	0.234796
101	403	470	2487		5	-0.379150	0.401807	0.152139	0.537286
146	413	435	2571		6	0.650438	0.421642	0.069308	0.595564

图 1-24　零-均值标准化

归一化也叫离差标准化，是指对原始数据进行线性变换操作，使结果值映射到[0,1]之间。归一化如图 1-25 所示。

						0	1	2	3
78	521	602	2863		0	0.074380	0.937291	0.923520	1.000000
144	-600	-521	2245		1	0.619835	0.000000	0.000000	0.850941
95	-457	468	-1283		2	0.214876	0.119565	0.813322	0.000000
69	596	695	1054		3	0.000000	1.000000	1.000000	0.563676
190	527	691	2051		4	1.000000	0.942308	0.996711	0.804149
101	403	470	2487		5	0.264463	0.838629	0.814967	0.909310
146	413	435	2571		6	0.636364	0.846990	0.786184	0.929571

图 1-25　归一化

任务 3　数据分析基础

【任务描述】

在数据经过预处理操作后，即可对该数据进行分析操作，本任务将对数据分析相关内容进行介绍，主要内容如下：

(1) 数据分析简介；

(2) 数据分析指标；

(3) 数据分析分类。

【知识准备】

一、数据分析简介

数据分析是数学与计算机科学相结合的产物，尽管数学基础确立于 20 世纪早期，但直到计算机的出现，数学基础才得以发展，最终使得数据分析得以推广。

　　数据分析是指使用适当的统计分析方法对收集的大量数据进行分析，加以汇总和理解并消化后，提取有用信息和形成结论而对数据加以详细研究和概括总结的过程。

　　数据分析的目的与意义在于，把隐没在一大批看起来杂乱无章的数据中的信息集中、萃取和提炼出来，以找出所研究对象的内在规律。数据分析如图 1-26 所示。

图 1-26　数据分析

　　随着信息技术的不断发展，数据分析渗透到各个行业，特别是互联网、电子商务、金融三大产业。同时，数据分析在医疗卫生、交通、电信、娱乐、能源等领域，同样有着广泛的应用。

1. 互联网领域

　　随着互联网的普及，人们在网上看新闻、听音乐、看电视、购物等，为了能够在激烈的市场竞争中占据一席之地，需要对海量用户数据进行挖掘、分析，发现用户的个性喜好，从而对用户的消费行为进行准确把握，为市场营销人员寻找目标客户打下了良好的基础，提升了营销的准确率。数据分析在互联网领域应用如图 1-27 所示。

图 1-27　数据分析在互联网领域应用

2. 电子商务领域

　　在电子商务领域，数据分析主要用于营销管理、客户管理等，利用数据分析来发现企业内部不足、营销手段不足、客户体验不足等，并通过数据分析了解客户的内在需求。根据客户信息、客户交易历史、客户购买过程的行为轨迹等客户行为数据，以及同一商品访问或成交客户的客户行为数据，进行客户行为的相似性分析，为客户推荐产品，包括浏览这一产品的客户还浏览了哪些产品、购买这一产品的客户还购买了哪些产品、预测客户还喜欢哪些产品等。数据分析在电子商务领域应用如图 1-28 所示。

图 1-28　数据分析在电子商务领域应用

3. 金融领域

目前,金融领域对信息系统的实用性要求很高,并且积累了非常庞大的客户交易数据,而数据分析在金融领域的主要功能有客户行为分析、防堵诈骗、金融分析等。数据分析在金融领域应用如图 1-29 所示。

图 1-29　数据分析在金融领域应用

4. 医疗卫生领域

在医疗卫生领域,数据分析依托大量临床数据(性别、年龄、体重、病史、生活方式、习惯等),对其进行数据分析,为患者提供医疗服务,如疾病诊断、治疗决策指定、实时健康状况告警、患者需求预测等。数据分析在医疗卫生领域应用如图 1-30 所示。

图 1-30　数据分析在医疗卫生领域应用

5. 交通领域

随着城镇中心化发展，车流量、人流量不断增长，交通压力不断增大，由此带来交通拥堵、交通违章等问题，严重影响了交通体系的正常运转。而数据分析整合运政、执法、出租、公交、应急等数据资源，对道路车流量进行实时分析，实现交通系统的自动化切换和调配，从而调节交通流量。另外，通过交通多维度指标数据对城市、行政区和重点区域交通整体运行情况进行宏观综合监测，可以分析交通拥堵情况，帮助有关部门掌控交通运行情况，提高决策效率与能力，实现城市交通有效管理和运行通畅。数据分析在交通领域等应用如图 1-31 所示。

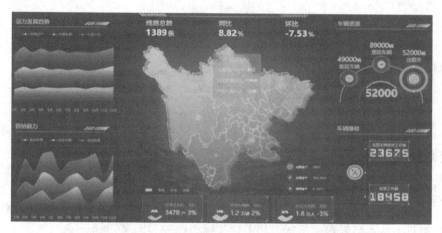

图 1-31　数据分析在交通领域应用

目前，数据分析有两种方式，一种是开发人员通过代码实现数据的分析，可以通过 Python 的 NumPy、Pandas 等模块实现；另一种是通过可视化图表对数据进行分析，可以通过 Python 的 Matplotlib、Seaborn 或者数据可视化工具 Tableau 等实现。

1) Matplotlib

Matplotlib 是 Python 中的一个第三方绘图库，能够实现多种图形的绘制，包括条形图、柱形图、饼图、散点图等。Matplotlib 图标如图 1-32 所示。

图 1-32　Matplotlib 图标

2) Seaborn

Seaborn 是 Python 中基于 Matplotlib 开发的另一图形可视化包，Seaborn 提供了一种高度交互式界面，便于用户做出各种有吸引力的统计图表。Seaborn 图标如图 1-33 所示。

图 1-33　Seaborn 图标

3) Tableau

Tableau 是一款可视化工具，定位于数据可视化实现和敏捷开发的商务智能展现，可以实现交互的、可视化的分析和仪表板应用。不同于传统商业智能软件，Tableau 是一款"轻"商业智能工具，可以使用 Tableau 的拖放界面可视化任何数据，探索不同的视图，甚至可以轻松地将多个数据库组合在一起，并且不需要任何复杂的脚本。Tableau 图标如图 1-34 所示。

图 1-34　Tableau 图标

二、数据分析指标

在进行数据分析时，需要明确分析的目的，也就是选取数据分析的指标，这些指标都被包含在统计学中。目前，常用的数据分析指标有六个，分别是总体概览指标、对比性指标、集中趋势指标、离散程度指标、相关性指标、相关与因果指标。

1. 总体概览指标

总体概览指标又称为统计绝对数，主要用于对数据的整体规模大小、总体多少进行反映，如销售金额、订单数量、购买人数等指标，能够反映某个时间段内某项业务的某些指标的绝对量，直接决定公司的盈利情况。商品销售报表如图 1-35 所示。

商品编号	商品名称	销售量	进货价	成本价	销售价	销售额	毛利
MTO1	50摩托车	2	2300	4600	2500	5000	400
RE04	220电冰箱	4	1750	7000	1950	7800	800
TVo2	29电视机	3	2650	7950	2890	8670	720
MUO8	多功能机	7	360	2520	420	2940	420

图 1-35　商品销售报表

2. 对比性指标

对比性指标指展示对象之间数量对比关系的指标，如同比、环比、差比等指标。其中，同比指相邻时间段内某一共同时间点的指标对比，如当日与上周同期对比、本周与上月同期对比、本月与去年同月比较等；环比指相邻时间段内指标的对比，如当日与昨天比较、本周与上周比较、本月与上月比较等；差比指两个时间段内的指标直接做差，差的绝对值就是两个时间段内指标的变化量。例如，2015 年到 2020 年天猫双十一成交额对比，如图 1-36 所示。

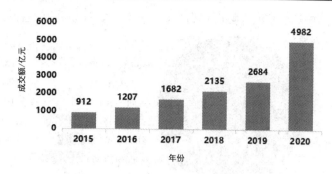

图 1-36 2015—2020 年天猫双十一成交额

3. 集中趋势指标

集中趋势指标指通过平均指标反映某一现象在一定时间段内所达到的一般水平,如平均工资、平均年龄等,被分为数值上的平均(普通平均、加权平均)和位置上的平均(中位数、众数)。其中,数值平均用于统计数列中所有数值的平均数值;位置平均则使用某种特殊位置上或者是普遍出现的标志值表示整体的水平。

1) 普通平均

普通平均就是所有数值之和除以个数得到的值,由于所有数值平等,因此权重都是 1,普通平均计算公式如下:

$$M = \frac{X_1 + X_2 + \cdots + X_n}{n}$$

例如,计算一年中每个月的平均销量使用的就是普通平均,直接把 12 个月的销量相加,除以 12 即可。

2) 加权平均

加权平均与普通平均类似,但加权平均中数值权重不同,在计算平均值时,不同数值要乘以不同权重,即每个数值乘以权重的和除以个数得到的值,加权平均计算公式如下:

$$M = \frac{X_1 \times f_2 + X_2 \times f_2 + \cdots + X_k \times f_k}{f_1 + f_2 + \cdots + f_k}$$

例如,计算平均信用,由于影响信用分的因素很多,而且不同因素的权重不同,因此需要使用加权平均。

3) 众数

众数指一系列数据中出现次数最多的变量值,是总体中最普遍的值,可以代表一般水平,但其只有在总体内单位足够多时才有意义。例如,农贸市场上某种商品的价格通常以很多摊位报价的众数值表示。

4) 中位数

中位数是将总体中各个值按照从小到大的顺序排列,当数值个数为奇数时,则处于中间位置的数值就是中位数;当数值个数为偶数时,则处于中间位置两个值的平均数即为中位数,使用中等水平来进行整体水平的表示。例如,在进行工资水平统计时,最好使用中位数,这是由于工资分布是典型的偏态分布,也就是少数人工资水平较高,多数人工资水平较低,采用中位数可以避免高薪的少数人大幅度拉高平均工资水平。工资水平统计如图 1-37 所示。

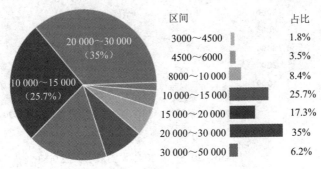

区间	占比
3000～4500	1.8%
4500～6000	3.5%
8000～10 000	8.4%
10 000～15 000	25.7%
15 000～20 000	17.3%
20 000～30 000	35%
30 000～50 000	6.2%

图 1-37　工资水平统计

4. 离散程度指标

离散程度是一个表示离散(波动)情况的指标,指标越大,则数据波动越大;指标越小,数据波动越小,说明数据越稳定。目前,常用的离散程度指标有方差、标准差、极差等。

(1) 方差:每个数值与均值之差平方的平均值。

(2) 标准差:方差的平方根。

(3) 极差:数据中最大值与最小值的差值。

5. 相关性指标

相关性指标通常使用相关系数(r)表示,用于反映两个不同变量之间的关系,取值范围为[-1, 1];r 的绝对值越大,表示相关性越强;r 的正值代表正相关,负值代表负相关。例如,在进行玉米价格的分析时,发现价格的高低受现价与期价的制约,这时就可以通过相关性指标对其进行分析,如图 1-38 所示。

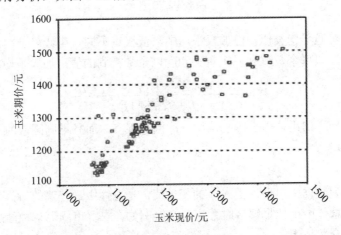

图 1-38　相关性分析

6. 相关关系与因果关系

相关关系用于表示事件的关联性。例如,沃尔玛通过对消费者购物行为进行相关关系的分析,发现男性顾客在购买婴儿尿布时会顺便买啤酒,于是将啤酒和尿布放在一起进行销售,使销量大幅增长。

因果关系与相关关系类似,但因果关系是在事件具有相关关系的基础上,表示一件事情导致另一件事情的发生。例如，上班迟到与堵车、闹钟不响的关系即为因果关系，也就是说，由于闹钟不响并且路上堵车，导致上班迟到，如图1-39所示。

图1-39　因果关系

三、数据分析分类

目前，数据分析根据功能可以将其分为描述型、诊断型、预测型和指导型四个分析类型。

1. 描述型

通过对过去数据的总结，描述发生了什么，主要用于信息分类，是数据分析中最常见的一种方式，可以提供重要衡量标准的概览，如销售月报、年度报表、业绩利润报表等。业绩利润报表可视化如图1-40所示。

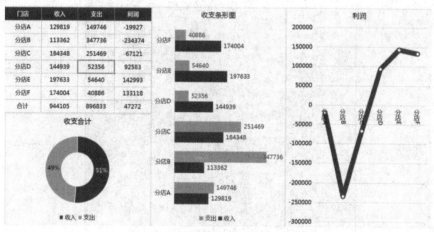

图1-40　业绩利润报表可视化

2. 诊断型

诊断型分析主要用于分析为什么发生，通常使用在描述型分析之后，深入分析以找出导致这些结果的原因。简单来说，就是帮助客户深入数据内部，了解当前存在什么问题，追溯问题发生的根本，最后去解决问题。例如，分析某个地区发货缓慢原因、分析某个商品不好销售原因等。

3. 预测型

预测型分析主要用于分析可能发生什么，能够利用数据变化的规律和各个节点对未来可能会发生的事情进行预测，数据的多样性决定了预测效果，可以为决策的制定提供支持。例如，可以通过预测型分析对远程医疗市场规模进行预测，如图 1-41 所示。

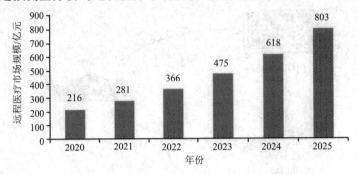

图 1-41　2020—2025 年远程医疗市场规模预测

4. 指导型

指导型分析基于已经发生的事情、事情发生的原因以及可能发生的事情的分析，对之后的事情做指导，指导发生事情时需要做什么，帮助确定采取的最好措施。指导型分析一般不会单独使用，通常与其他分析行为组合使用。例如，交通出行时使用的高德地图、百度地图等，通过每条路线的距离、在每条路上的速度、目前的交通限制等多方面情况的分析，帮助客户选择最好的路线，如图 1-42 所示。

图 1-42　路线导航

小　结

通过对本单元的学习，了解 Python 数据相关操作，熟悉数据采集类别及 Python 相关数据采集第三方模块，掌握数据处理相关工具和 Python 数据处理模块，了解数据分析应用，掌握数据分析指标及其分类。

总 体 评 价

通过学习本任务，看自己是否掌握了以下技能，在技能检测表中标出已掌握的技能。

评价标准	个人评价	小组评价	教师评价
(1) 是否了解数据采集分类			
(2) 是否了解数据处理方法			
(3) 是否了解数据分析指标及类别			

注：A 表示能做到；B 表示基本能做到；C 表示部分能做到；D 表示基本做不到。

课 后 习 题

一、选择题

(1) 以下不属于数据采集常用方法的是(　　)。

A. 数据库采集　　　　　　　　B. 设备数据采集

C. 系统日志采集　　　　　　　D. 网络数据采集

(2) 数据清洗主要体现在(　　)个方面。

A. 一　　　　　B. 二　　　　　C. 三　　　　　D. 四

(3) 以下不属于数据规约方法的是(　　)。

A. 类型规约　　　　B. 维规约　　　　C. 数量规约　　　　D. 数据压缩

(4) 数据分析指标不包括(　　)。

A. 总体概览指标　　　　　　　B. 对比性指标

C. 趋势指标　　　　　　　　　D. 离散程度指标

(5) 下列数据分析类型中，用于信息分类的是(　　)。

A. 描述型　　　　B. 诊断型　　　　C. 预测型　　　　D. 指导型

二、简答题

(1) 列举 Python 中常用的数据采集工具(至少三个)。

(2) 简述数据清洗包含的内容。

(3) 简述指导型数据分析的作用。

学习单元二　NumPy 和 Pandas 数据处理与分析

项目概述

在 Python 的第三方库当中，NumPy 和 Pandas 是最常用的，其中 NumPy 为 Python 提供了数组功能，以及进行数据快速处理的相关函数。NumPy 还是很多更高级扩展库的依赖库，比如 Matplotlib、SciPy 等。Pandas 是在 NumPy 的基础上建立的一个库，是一个强大的分析结构化数据的工具集，用于数据挖掘、数据分析和数据清洗，可以以各种文件格式(比如 CSV、JSON、SQL、Microsoft Excel)导入数据。本单元将通过对 NumPy 和 Pandas 相关知识的讲解，介绍 NumPy 和 Pandas 数据处理与分析方法。

思维导图

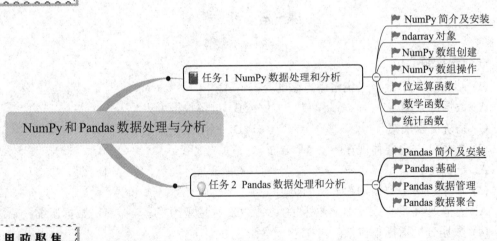

思政聚焦

中国是世界文明古国之一。数学是中国古代科学中一门重要的学科，其发展源远流长，成就辉煌。提到数学，就不得不提起我国古代由张苍、耿寿昌所撰写的数学专著《九章算术》。《九章算术》的内容十分丰富，全书总结了战国、秦、汉时期的数学成就，是当时世界上最简练有效的应用数学，它的出现标志着中国古代数学形成了完整的体系，是我国历史上的伟大成就。在工作和学习过程中，我们应具备坚定的信念，向科学家学习，成长为思想成熟可靠、专业技术优秀的建设性人才，为祖国的繁荣昌盛添砖加瓦，再创辉煌。

学习任务

任务 1　NumPy 数据处理和分析

【任务描述】

　　使用 NumPy 实现学生成绩数据统计、数据处理以及分析,要求实现所有学生语文、数学、英语成绩的分析,并取得其平均成绩、最低成绩、最高成绩、方差、标准差。然后将这些学生的总成绩排序输出。此操作过程可分为三个步骤去实现,主要内容如下:

　　(1) 安装 NumPy,并引入 NumPy 的库文件。

　　(2) 定义一个数组,统计全班学生的成绩。

　　(3) 调用 NumPy 当中的库函数,实现对数据的统计和处理。

【知识准备】

一、NumPy 简介及安装

　　NumPy 的全称是 Numerical Python,它是 Python 语言的一个扩展程序库,支持大量的维度数组与矩阵运算,并针对数组运算提供大量的数学函数库。NumPy 的图标如图 2-1 所示。

图 2-1　NumPy 的图标

　　NumPy 的前身为 Numeric,最早由 Jim Hugunin 与其他协作者共同开发。2005 年,Travis Oliphant 在 Numeric 中增加了一个同性质的程序库 Numarray,并加入了独有的特点,由此开发了 NumPy。NumPy 不仅开放源代码,而且由许多协作者共同维护开发。

　　Python 不提供数组功能。列表虽然可以完成基本的数组功能,但不能保证在数据量较大时高速读取数据。为此,NumPy 提供了真正的数组功能,以及能够进行数据快速处理的多种函数,并且 NumPy 内置函数处理数据的速度是 C 语言级别的,因此在编写程序的时候,应当尽量使用内置函数,避免出现效率瓶颈现象。

　　NumPy 具有许多显著的特征,在这些特征的帮助下,NumPy 成为速度最快和功能强大的数学计算库。NumPy 的常见特性如下所示。

　　(1) 具有一个强大的 N 维数组对象 ndarray。

(2) 支持广播功能函数。

(3) 整合 C/C++/Fortran 代码的工具。

(4) 支持线性代数、傅里叶变换、随机数生成等功能。

NumPy 属于 Python 的第三方框架，可以使用 pip 安装、wheel 安装和源码安装等安装方式。使用 pip 安装 NumPy 的步骤如下所示。

第一步：在 Windows 中，NumPy 安装与普通的第三方库安装一样，可以通过 Python 的包管理工具 pip 安装，命令如下所示。

```
pip install NumPy
```

第二步：安装完成后，可以使用简单的 Python 代码进行测试，代码如下所示。

```
import numpy as np #一般以 np 作为 numpy 的别名
a = np.array([2, 1, 4, 1]) #创建数组
print(a) #输出数组 2,1,4,1
```

效果如图 2-2 所示。

[2 1 4 1]

图 2-2　测试 NumPy 输出

二、ndarray 对象

ndarray 对象是 NumPy 最重要的特性。ndarray 对象是一系列同类型数据的集合，集合中元素的索引从 0 开始，并且 ndarray 中存放的每个元素在内存中都有相同大小的存储空间。

ndarray 对象由指针对象、数据类型、表示数组形状的元组和跨度元组四个模块组成。

(1) 指针对象，即指向数据，也可以说是指向内存或内存映射文件中的一块数据。

(2) 数据类型，即 dtype，包括 np.int32、np.float32 等。

(3) 表示数组形状的元组，表示各维度大小的元组，比如 arr[3][3]就是一个二维数组。

(4) 跨度元组，即 stride，其中的整数指的是为了前进到当前维度下一个元素需要"跨过"的字节数。这里的跨度可以取负值。

在 NumPy 中创建 ndarray，需要调用 array()函数来实现。该方法接受列表格式的参数后即可返回一个包含参数内容的 ndarray 对象，代码如下所示。

```
import numpy as np
a = np.array([0,1,2])
print (a)
```

效果如图 2-3 所示。

[0 1 2]

图 2-3　array 方法

其中，NumPy 数组的维数称为秩(rank)，秩就是轴的数量，即数组的维度。一维数组的 rank 为 1，二维数组的 rank 为 2，以此类推。

在 NumPy 中，每一个线性的数组称为一个轴(axis)，也就是维度(dimension)。二维数组本质上是以数组作为数组元素的数组，每个元素是一个一维数组。所以，一维数组就是 NumPy 中的轴(axis)，第一个轴相当于底层数组，第二个轴是底层数组里的数组。通常可以对 axis 进行声明。axis=0，表示沿着第 0 轴进行操作，即对每一列进行操作；axis=1，表示沿着第 1 轴进行操作，即对每一行进行操作。除了数组的维度和秩，还有一些常见的信息可通过 ndarray 提供的属性进行查询。NumPy 的数组的常用属性如表 2-1 所示。

表 2-1 NumPy 的数组的属性

属 性	说 明
ndarray.ndim	秩，即轴的数量或维度的数量
ndarray.shape	数组的维度，对于矩阵，为 n 行 m 列
ndarray.size	数组元素的总个数，相当于 .shape 中 n*m 的值
ndarray.dtype	ndarray 对象的元素类型，默认为浮点型
ndarray.itemsize	ndarray 对象中每个元素的大小，以字节为单位
ndarray.flags	ndarray 对象的内存信息
ndarray.real	ndarray 元素的实部
ndarray.imag	ndarray 元素的虚部
ndarray.data	包含实际数组元素的缓冲区，由于一般通过数组的索引获取元素，因此通常不需要使用这个属性

下面使用 ndarray.ndim 获取数组 a 的维度，代码如下所示。

```
a.ndim
```

效果如图 2-4 所示。

1

图 2-4 获取数组维度

三、NumPy 数组创建

NumPy 创建数组时，除了使用 array()方法外，还可以使用 empty()、zeros()、ones()等方法。详细说明如表 2-2 所示。

表 2-2 创建数组的方法

方 法	解 释
empty()	创建一个非空值的数组，并能够指定其维度和数组元素的类型
zeros()	创建指定大小的数组，数组元素以 0 来填充
ones()	创建指定形状的数组，数组元素以 1 来填充

语法格式如下所示。

```
numpy.empty(shape, dtype = float, order = 'C')
```

```
numpy.zeros (shape, dtype = float, order = 'C')
numpy.ones (shape, dtype = float, order = 'C')
```

其中，shape 表示数组的形状，dtype 表示数组类型，order 有"C"和"F"两个选项，分别代表行优先和列优先。

下面分别使用 empty()、zeros()、ones()进行数组的创建，代码如下所示。

```
import numpy as np
# 创建一维数组
b=np.empty(3)
print(b)
# 创建二维数组并使用 0 进行填充
c = np.zeros(3,3)
print(c)
# 创建二维数组并使用 1 进行填充
d = np.ones(3,3)
print(d)
```

结果如图 2-5 所示。

```
[0.00000000e+000 1.07309684e-296 1.28820786e-311]
[[0. 0.]
 [0. 0.]]
[[1. 1. 1.]
 [1. 1. 1.]
 [1. 1. 1.]]
```

图 2-5 数组创建

四、NumPy 数组操作

在数据采集与分析的过程中，数据的处理尤为重要，比如数据筛选过滤、数据变换、数据去重等操作都必须以数组的操作为基础。

在 NumPy 当中包含了许多函数，用来支持数组的操作，这些操作大致可以分为修改数组形状、翻转数组、修改数组维度、连接数组、分割数组、添加与删除数组元素等六种。

1. 修改数组形状

修改数组形状是指修改数组的维度和数组迭代器等属性。NumPy 当中修改数组形状的方法分别为 reshape()、flat()、flatten()、ravel()，如表 2-3 所示。

表 2-3 修改数组形状

方　法	说　明
reshape()	在不改变数据的条件下修改形状
flat()	数组元素迭代器
flatten()	返回一份数组拷贝，对拷贝所做的修改不会影响原始数组
ravel()	返回展开数组

　　下面创建名为 a 的一维数组，元素为 1～8，使用 reshape()方法将数组改变为 4 行 2 列，即为数组 b，使用 flat()方法迭代输出数组 b 中的每一个元素，使用 flatten()方法完成对数组 b 的拷贝并赋值给 c 后输出结果，最后使用 ravel()方法将数组 b 当中的内容进行反转，代码如下所示。

```python
import numpy as np
a = np.arange(8)
print ('原始数组：')
print (a)
# 改变数组的形状，将数组改变为 4 行 2 列
b = a.reshape(4,2)
print ('修改后的数组：')
print (b)
# flat 的使用
#对数组中每个元素都进行处理，可以使用 flat 属性，该属性是一个数组元素迭代器
    print ('迭代后的数组：')
for element in b.flat:
print (element)
# flatten 使用
#复制一份数组并对 c 完成赋值
c = b.flatten()
print ('数组 c 的输出：')
print (c)
# ravel 的使用
#调用 ravel 对数组进行反转
print ('调用  ravel  函数之后：')
print (b.ravel("F"))
```

结果如图 2-6 所示。

```
原始数组：
[0 1 2 3 4 5 6 7]
修改后的数组：
[[0 1]
 [2 3]
 [4 5]
 [6 7]]
迭代后的数组：
0
1
2
3
4
5
6
7
数组c的输出：
[0 1 2 3 4 5 6 7]
调用 ravel 函数之后：
[0 2 4 6 1 3 5 7]
```

图 2-6　修改数组形状

2. 翻转数组

在 NumPy 当中，用来翻转数组的方法同样有四种，分别为 transpose()、ndarray.T、rollaxis()、swapaxes()，如表 2-4 所示。

表 2-4　翻 转 数 组

方　法	说　　明
transpose()	对换数组的维度
ndarray.T	与 transpose()相同
rollaxis()	向后滚动指定的轴
swapaxes()	对换数组的两个轴

其中，transpose()方法与 ndarray.T 方法用于对数组的维度进行对换。语法格式如下所示。

```
numpy.transpose(arr, axes)
ndarray.T
```

参数说明如下所示。

(1) arr：要修改的数组。

(2) axes：需要对换的维度。

(3) ndarray：数组。

创建一个名为 a 的数组，分别使用 transpose()方法和 ndarray.T 方法将行和列进行对换并输出，代码如下所示。

```
import numpy as np
a = np.arange(12).reshape(4,3)
print ('原数组：')
print (a )
print ('transpose 方法对换后的数组：')
print (np.transpose(a))
print ('ndarray.T 方法对换后的数组：')
print (a.T)
```

结果如图 2-7 所示。

```
原数组：
[[ 0  1  2]
 [ 3  4  5]
 [ 6  7  8]
 [ 9 10 11]]
transpose方法对换后的数组：
[[ 0  3  6  9]
 [ 1  4  7 10]
 [ 2  5  8 11]]
ndarray.T方法对换后的数组：
[[ 0  3  6  9]
 [ 1  4  7 10]
 [ 2  5  8 11]]
```

图 2-7　transpose 的使用

rollaxis()方法用于将数组向后滚动特定的轴到一个特定的位置。语法格式如下所示。

```
numpy.rollaxis(arr, axis, start)
```

参数说明如下所示。

(1) arr：数组。

(2) axis：要向后滚动的轴，其他轴的相对位置不会改变。

(3) start：axis 参数指定轴会滚动到的特定位置，默认为零，表示完整的滚动。

创建一个三维的数组，查看数字"6"所在的坐标，使用 rollaxis()方法改变坐标轴的位置，代码如下所示。

```
import numpy as np
# 创建了三维的 ndarray
a = np.arange(8).reshape(2,2,2)
print ('原数组：')
print (a)
print ('获取数组中一个值：')
print(np.where(a==6))
print(a[1,1,0])    # 为 6
# 将轴 2 滚动到轴 0(宽度到深度)
print ('调用 rollaxis 函数：')
b = np.rollaxis(a,2,0)
print (b)
# 查看元素 a[1,1,0]，即 6 的坐标，变成 [0, 1, 1]
# 最后一个 0 移动到最前面
print(np.where(b==6))
print ('\n')
```

结果如图 2-8 所示。

```
原数组：
[[[0 1]
  [2 3]]

 [[4 5]
  [6 7]]]
获取数组中一个值：
(array([1], dtype=int64), array([1], dtype=int64), array([0], dtype=int64))
6
调用 rollaxis 函数：
[[[0 2]
  [4 6]]

 [[1 3]
  [5 7]]]
(array([0], dtype=int64), array([1], dtype=int64), array([1], dtype=int64))
```

图 2-8　rollaxis 的使用

swapaxes()方法用于将两个指定轴上的元素进行对调。语法格式如下所示。

numpy.swapaxes(arr, axis1, axis2)

参数说明如下所示。

(1) arr：输入的数组。

(2) axis1：对应第一个轴的整数。

(3) axis2：对应第二个轴的整数。

创建一个三维数组，并使用 swapaxes()方法将轴 2 和轴 0 进行对换，代码如下所示。

```python
import numpy as np
# 创建了三维的 ndarray
a = np.arange(8).reshape(2, 2, 2)
print ('原数组：')
print (a)
print ('\n')
# 现在交换轴 0 (深度方向)到轴 2 (宽度方向)
print ('调用 swapaxes 函数后的数组：')
print (np.swapaxes(a, 2, 0))
```

结果如图 2-9 所示。

```
原数组：
[[[0 1]
  [2 3]]

 [[4 5]
  [6 7]]]


调用 swapaxes 函数后的数组：
[[[0 4]
  [2 6]]

 [[1 5]
  [3 7]]]
```

图 2-9　swapaxes()的使用

3. 修改数组维度

修改数组维度指增加或减少数组的维度，以及拓展数组等操作。在 NumPy 中用于修改数组维度的方法有四种，分别为 broadcast()、broadcast_to()、expand_dims()和 squeeze()。数组维度修改方法如表 2-5 所示。

表 2-5　修改数组维度的方法

方　法	说　明
broadcast()	产生模仿广播的对象
broadcast_to()	将数组广播到新形状
expand_dims()	扩展数组的形状
squeeze()	从数组的形状中删除一维条目

其中，broadcast(广播)是 NumPy 对不同形状的数组进行数值计算的方式。对数组的算术运算通常在相应的元素上进行。

如果数组 a 和 b 形状相同，即满足 a.shape == b.shape，那么 a × b 的结果就是 a 与 b 数组的对应位相乘。这里有两个必要条件，即维数相同，且各维度的长度相同。比如，一个 4 × 3 的二维数组与长为 3 的一维数组相加，等效于把数组 b 在二维上重复 4 次运算，如图 2-10 所示。

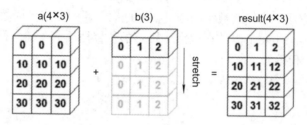

图 2-10　广播的使用

broadcast()方法在使用的时候需要传入两个参数，分别为两个数组，返回值即为广播的结果。

创建两个数组 x 和 y，x 为二维数组，y 为一维数组，使用 broadcast()方法对 y 广播 x，通过循环遍历广播结果，代码如下所示。

```
import numpy as np
x = np.array([[1], [2], [3]])
y = np.array([4, 5, 6])
# 对 y 广播 x
b = np.broadcast(x,y)
# 它拥有 iterator 属性，基于自身组件的迭代器元组
print([u + v for (u,v) in b])
```

结果如图 2-11 所示。

[5, 6, 7, 6, 7, 8, 7, 8, 9]

图 2-11　broadcast()的使用

broadcast_to()方法与 broadcast()类似，区别是 broadcast_to()方法会将数组广播到新的形状。使用代码如下所示。

```
import numpy as np
```

```
a = np.arange(4).reshape(1,4)
print ('原数组：')
print (a)
print ('调用 broadcast_to 函数之后：')
print (np.broadcast_to(a,(4,4)))
```

结果如图 2-12 所示。

```
原数组：
[[0 1 2 3]]
调用 broadcast_to 函数之后：
[[0 1 2 3]
 [0 1 2 3]
 [0 1 2 3]
 [0 1 2 3]]
```

图 2-12　broadcast_to()的使用

expand_dims()方法用来修改数组的维度，通过插入新的轴来扩展数组。例如，创建一个数组 x，使用 expand_dims()方法在数组 x 轴 1 的位置插入一个轴，得到新的数组 y，最后输出数组 x 和 y，代码如下所示。

```
import numpy as np
x = np.array(([1,2],[3,4]))
print ('数组 x：')
print (x)
# 在位置 1 插入轴
y = np.expand_dims(x, axis = 1)
print ('在位置 1 插入轴之后的数组 y：')
print (y)
```

结果如图 2-13 所示。

```
数组x：
[[1 2]
 [3 4]]
在位置1插入轴之后的数组 y：
[[[1 2]]

 [[3 4]]]
```

图 2-13　expand_dims()的使用

squeeze()方法的作用是删除数组中的一维条目。例如，新建一个三维数组，然后删除一维条目，代码如下所示。

```
import numpy as np
x = np.arange(9).reshape(1,3,3)
print ('数组 x：')
```

```
print (x)
y = np.squeeze(x)
print ('数组 y：')
print (y)
```

结果如图 2-14 所示。

```
数组 x:
[[[0 1 2]
  [3 4 5]
  [6 7 8]]]
数组 y:
[[0 1 2]
 [3 4 5]
 [6 7 8]]
```

图 2-14　squeeze()的使用

4. 连接数组

连接数组是指将两个数组进行合并。在 NumPy 中连接数组有三种方法，分别是 concatenate()、hstack()和 vstack()，如表 2-6 所示。

表 2-6　连接数组的方法

方　法	说　　明
concatenate()	连接现有轴的序列
hstack()	水平堆叠序列中的数组(列方向)
vstack()	在竖直方向上堆叠(行方向)

concatenate()函数用来连接形状相同的两个或者多个数组，即它们的 shape 值一样，否则不能连接。

例如，使用 concatenate()来连接两个数组，并分别对"0"轴方向和"1"轴进行连接，代码如下所示。

```
import numpy as np
a = np.array([[1,2],[3,4]])
print ('第一个数组：')
print (a)
b = np.array([[5,6],[7,8]])
print ('第二个数组：')
print (b)
# 两个数组的维度相同
print ('沿轴 0 连接两个数组：')
print (np.concatenate((a,b)))
print ('沿轴 1 连接两个数组：')
print (np.concatenate((a,b),axis = 1))
```

结果如图 2-15 所示。

```
第一个数组：
[[1 2]
 [3 4]]
第二个数组：
[[5 6]
 [7 8]]
沿轴 0 连接两个数组：
[[1 2]
 [3 4]
 [5 6]
 [7 8]]
沿轴 1 连接两个数组：
[[1 2 5 6]
 [3 4 7 8]]
```

图 2-15　concatenate()的使用

hstack()与 vstack()方法分别通过水平堆叠和竖直堆叠连接数组。例如，下面定义两个数组后，分别使用 hstack()与 vstack()方法连接两个数组，代码如下所示。

```python
import numpy as np
a = np.array([[1,2],[3,4]])
print ('第一个数组：')
print (a)
b = np.array([[5,6],[7,8]])
print ('第二个数组：')
print (b)
print ('水平堆叠：')
c = np.hstack((a,b))
print (c)
print ('竖直堆叠：')
d=np.vstack((a,b))
print(d)
```

结果如图 2-16 所示。

```
第一个数组：
[[1 2]
 [3 4]]
第二个数组：
[[5 6]
 [7 8]]
水平堆叠：
[[1 2 5 6]
 [3 4 7 8]]
竖直堆叠：
[[1 2]
 [3 4]
 [5 6]
 [7 8]]
```

图 2-16　数组连接

5. 分割数组

在 NumPy 中，数据的分割同样是必不可少的。目前，NumPy 提供了三种分割数组的方法，根据不同方向实现数组的分割。数组分割方法如表 2-7 所示。

表 2-7 分割数组的方法

方　法	说　明
split()	将一个数组分割为多个子数组
hsplit()	将一个数组水平分割为多个子数组(按列)
vsplit()	将一个数组垂直分割为多个子数组(按行)

split()方法可以将一个数组分割为多个子数组，与字符串的 split 方法一样，实现对数组元素的拆分。语法格式如下所示。

```
split(ary, indices_or_sections)
```

参数说明如下所示。

(1) ary：表示待分割的原始数组。

(2) indices_or_sections：类型为 int 或者一维数组，表示一个索引，或者表示分割位置。

例如，创建一个长度为 9 的数组"a"，先使用 split 方法将数组分为大小相等的三个子数组，然后对数组"a"按照指定位置进行分割，代码如下所示。

```
import numpy as np
a = np.arange(9)
print ('第一个数组：')
print (a)
print ('将数组分为三个大小相等的子数组：')
b = np.split(a,3)
print (b)
print ('将数组在一维数组中表明的位置分割：')
b = np.split(a,[3,5,7])
print (b)
```

结果如图 2-17 所示。

```
第一个数组：
[0 1 2 3 4 5 6 7 8]
将数组分为三个大小相等的子数组：
[array([0, 1, 2]), array([3, 4, 5]), array([6, 7, 8])]
将数组在一维数组中表明的位置分割：
[array([0, 1, 2]), array([3, 4]), array([5, 6]), array([7, 8])]
```

图 2-17 split()的使用

hsplit()和 vsplit()方法用来在横向和纵向分割数组，且与 split()语法格式一致。例如，创建一个四维数组，分别使用 hsplit()和 vsplit()方法进行分割，分割的大小是 2，代码如下所示。

```
import numpy as np
a = np.arange(16).reshape(4, 4)
print('第一个数组：')
print(a)
print('沿水平方向分割：')
b= np.hsplit(a,2)
print(b)
print('沿竖直方向分割：')
c= np.vsplit(a,2)
print(c)
```

结果如图 2-18 所示。

```
第一个数组：
[[ 0  1  2  3]
 [ 4  5  6  7]
 [ 8  9 10 11]
 [12 13 14 15]]
沿水平方向分割：
[array([[ 0,  1],
       [ 4,  5],
       [ 8,  9],
       [12, 13]]), array([[ 2,  3],
       [ 6,  7],
       [10, 11],
       [14, 15]])]
沿竖直方向分割：
[array([[0, 1, 2, 3],
       [4, 5, 6, 7]]), array([[ 8,  9, 10, 11],
       [12, 13, 14, 15]])]
```

图 2-18　数组分割

6. 添加与删除数组元素

在进行数组操作时，除了操作数组的形状和轴以及连接数组等操作外，还可以对数组元素进行添加和删除等操作。数组元素的添加与删除方法如表 2-8 所示。

表 2-8　数组元素添加和删除方法

方　法	说　　明
append()	将值添加到数组末尾
insert()	沿指定轴将值插入到指定下标之前
delete()	删掉某个轴的子数组，并返回删除后的新数组

append()函数用于在数组的末尾追加元素，语法格式如下所示。

```
append(arr, values)
```

参数说明如下所示。

(1) arr：需要被添加 values 的数组。

(2) values：添加到数组 arr 中的值。

例如，新建一个数组 a，使用 append()方法为数组 a 追加三个数组元素，代码如下所示。

```
import numpy as np
a = np.array([[1,2,3],[4,5,6]])
print ('第一个数组：')
print (a)
print ('向数组添加元素：')
print (np.append(a, [7,8,9]))
```

结果如图 2-19 所示。

```
第一个数组：
[[1 2 3]
 [4 5 6]]
向数组添加元素：
[1 2 3 4 5 6 7 8 9]
```

图 2-19　append()的使用

insert()方法也可以在数组当中插入元素，与 append()不同的是，insert()方法可以在数组的任意位置进行插入元素。语法格式如下所示。

```
numpy.insert(arr,obj,values,axis=None)
```

参数说明如下所示。

(1) arr：需要被插入值的数组。

(2) obj：要插入的位置。

(3) values：插入的数值。

(4) axis：为想要插入的维(按行或列插入)，若不指定则表示插入时进行降维。

例如，创建一个名为 a 的数组，使用 insert()方法在 a 数组第三个元素后插入数组元素，代码如下所示。

```
import numpy as np
a = np.array([[1,2],[3,4],[5,6]])
print ('第一个数组：')
print (a)
print ('未传递 Axis 参数。 在插入之前输入数组会被展开(降维)。')
print (np.insert(a,3,[11,12]))
```

结果如图 2-20 所示。

```
第一个数组：
[[1 2]
 [3 4]
 [5 6]]
未传递 Axis 参数。 在插入之前输入数组会被展开（降维）。
[ 1  2  3 11 12  4  5  6]
```

图 2-20　insert()的使用

NumPy 的数组当中除了插入元素外，还可以使用 delete()方法删除元素。delete()语法格式如下所示。

```
numpy.delete(array,obj,axis)
```

(1) array：需要删除元素的数组对象。

(2) obj：需要删除的值，可以是单个元素，也可以是数组。

(3) axis：表示删除的方向，如果不传入这个参数，元素删除之后数组会默认展开。

例如，创建名为 a 的二维数组，先使用 delete()方法删除元素"5"，然后降维输出，代码如下所示。

```
import numpy as np
a = np.arange(12).reshape(3,4)
print ('第一个数组：')
print (a)
print ('未传递 Axis 参数。 在插入之前输入数组会被展开。')
print (np.delete(a,5))
```

结果如图 2-21 所示。

```
第一个数组：
[[ 0  1  2  3]
 [ 4  5  6  7]
 [ 8  9 10 11]]
未传递 Axis 参数。 在插入之前输入数组会被展开。
[ 0  1  2  3  4  6  7  8  9 10 11]
```

图 2-21　delete()的使用

五、位运算函数

数组的位运算操作包括按位与、按位或、按位取反、按位左移和按位右移等。NumPy 中有对应的函数完成位运算操作。NumPy 中的位运算函数如表 2-9 所示。

表 2-9　NumPy 中的位运算函数

函　　数	说　　明
bitwise_and()	对数组元素执行位与操作
bitwise_or()	对数组元素执行位或操作
invert()	按位取反
left_shift()	向左移动二进制表示的位
right_shift()	向右移动二进制表示的位

1. 按位与运算(bitwise_and())

NumPy 中使用 bitwise_and()函数实现对数组中元素的二进制形式进行按位与的操作，

上下均为 1 时取 1，否则取 0。例如，创建两个一维数组 a 和 b，使用 bitwise_and()函数对两个数组中的元素进行按位与操作，代码如下所示。

```
import numpy as np
a=np.array([13,12,34])          #1101, 001100, 100010
b=np.array([4,56,44])           #0100, 111000, 101100
print (np.bitwise_and(a,b))     #0100, 001000, 100000
```

结果如图 2-22 所示。

$$[\ 4 \quad 8 \quad 32]$$

图 2-22　按位与运算

2. 按位或运算(bitwise_or())

NumPy 中使用 bitwise_or()函数实现对数组中元素的二进制形式进行按位或的操作，上下有一个为 1 则为 1，否则取 0。例如，创建两个一维数组 a 和 b，使用 bitwise_or()函数对两个数组中的元素进行按位或操作，代码如下所示。

```
import numpy as np
a=np.array([13,12,34])          #1101, 001100, 100010
b=np.array([4,56,44])           #0100, 111000, 101100
print (np.bitwise_and(a,b))     #1101, 111100, 101110
```

结果如图 2-23 所示。

$$[13 \quad 60 \quad 46]$$

图 2-23　按位或运算

3. 按位取反运算(invert())

NumPy 中使用 invert()函数实现对数组中元素的二进制形式进行按位取反操作。即"1"变成"0"，"0"变成"1"，对于有符号的二进制数，最高位 0 表示正数，最高位 1 表示负数。例如，使用 invert()函数对 13 进行取反，并将取反结果和 13 转换为二进制进行比较，代码如下所示。

```
import numpy as np
print ('13 的位反转，其中 ndarray 的 dtype 是 uint8：')
print (np.invert(np.array([13], dtype = np.uint8)))
# 比较 13 和 242 的二进制表示，我们发现了位的反转
print ('13 的二进制表示：')
print (np.binary_repr(13, width = 8))
print ('242 的二进制表示：')
print (np.binary_repr(242, width = 8))
```

结果如图 2-24 所示。

```
13 的位反转，其中 ndarray 的 dtype 是 uint8:
[242]
13 的二进制表示：
00001101
242 的二进制表示：
11110010
```

图 2-24　按位取反运算

4. 左移运算(left_shift())

NumPy 中使用 left_shift()函数实现对数组中元素的二进制形式进行左移指定位数的运算操作，左移之后的空位用 0 补充，left_shift()接收两个参数，第一个参数为要左移位的数组，第二个参数为左移的位数。

例如，对数字 10 进行左移两位的运算，分别将数字 10 和左移结果转换为二进制进行对比，代码如下所示。

```python
import numpy as np
print ('将 10 左移两位：')
print (np.left_shift(10,2))
print ('10 的二进制表示：')
print (np.binary_repr(10, width = 8))
print ('40 的二进制表示：')
print (np.binary_repr(40, width = 8))
#  '00001010' 中的两位移动到了左边，并在右边添加了两个 0。
```

结果如图 2-25 所示。

```
将 10 左移两位：
40
10 的二进制表示：
00001010
40 的二进制表示：
00101000
```

图 2-25　左移运算

5. 右移运算(right_shift())

NumPy 中使用 right_shift()函数实现对数组中元素的二进制形式进行右移指定位数的运算操作，右移之后的空位用 0 补充，right_shift()函数和 left_shift()函数的用法一致，将左移运算示例中的 left_shift()函数换成 right_shift()函数，进行右移位操作，代码如下所示。

```python
import numpy as np
print ('将 10 右移两位：')
```

```
print (np.right_shift(10,2))
print ('10 的二进制表示：')
print (np.binary_repr(10, width = 10))
print ('2 的二进制表示：')
print (np.binary_repr(2, width = 10))
```

查看运行结果如图 2-26 所示。

```
将 10 右移两位：
2
10 的二进制表示：
0000001010
2 的二进制表示：
0000000010
```

图 2-26　右移运算

六、数学函数

NumPy 中包含了大量的数学运算函数，如数据的四舍五入、上下取整等，利用这些函数可轻松实现数组数据的数学运算操作。常用的数学函数如表 2-10 所示。

表 2-10　NumPy 中常见的数学函数

函　数	说　明
around()	函数返回指定数字的四舍五入值
floor()	返回小于或者等于指定表达式的最大整数，即向下取整
ceil()	返回大于或者等于指定表达式的最小整数，即向上取整

1. 四舍五入

around() 函数用来对数组进行批量的四舍五入操作。可以传入两个参数值，第一个参数是需要传入要处理的数组，第二个参数是传入一个整数，表示保留的小数位数，这个数默认是 0。

例如，创建一个一维数组 a，并添加一组小数作为元素，对这组数据进行两次四舍五入操作，第一次以默认的方式保留小数，第二次保留 1 位小数，代码如下所示。

```
import numpy as np
a = np.array([1.0,5.55,  123,  0.567,  25.532])
print  ('原数组：')
print (a)
print ('舍入后：')
print (np.around(a))
print (np.around(a, decimals =  1))
```

结果如图 2-27 所示。

```
原数组：
[  1.    5.55 123.      0.567 25.532]
舍入后：
[  1.   6. 123.   1.  26.]
[  1.    5.6 123.    0.6 25.5]
```

图 2-27　四舍五入取整

2. 向下与向上取整

floor()函数和 ceil()函数是用来对数组进行向下取整和向上取整的，两者的用法不尽相同，代码如下所示。

```
import numpy as np
a = np.array([-1.7,   1.5,   -0.2,   0.6,   10])
print ('向下取整后的数组：')
print (np.floor(a))
print ('向上取整后的数组：')
print (np.ceil(a))
```

在上述代码当中，设定了一组小数，先对这组数进行了一次向下取整的操作和一次向上取整的操作，然后将结果输出，结果如图 2-28 所示。

```
向下取整后的数组：
[-2.  1. -1.  0. 10.]
向上取整后的数组：
[-1.  2. -0.  1. 10.]
```

图 2-28　向下与向上取整

七、统计函数

NumPy 会提供一系列函数，供用户使用 Python 获取数组的最大值和最小值以及一组数的方差和标准差等进行数据分析。常见的统计函数如表 2-11 所示。

表 2-11　常见的统计函数

函　　数	说　　明
amin()	用于计算数组中的元素沿指定轴的最小值
amax()	用于计算数组中的元素沿指定轴的最大值
ptp()	函数计算数组中元素最大值与最小值的差(最大值 − 最小值)
median()	函数用于计算数组 a 中元素的中位数(中值)
mean()	函数返回数组中元素的算术平均值
average()	函数根据在另一个数组中给出的各自的权重计算数组中元素的加权平均值
std()	统计标准差
var()	统计方差
sort()	将数组的数据进行排序

1. 最大值与最小值(amax()与 amin())

函数 amin()和函数 amax()用于计算数组中的最小值和最大值，amin()与 amax()函数接收两个参数，第一个参数表示需要进行计算的数组，第二个参数表示计算维度。

例如，创建一个二维数组 a，使用 amin()函数按轴 0 和轴 1 计算最小值，使用 amax()函数按轴 0 和轴 1 计算最大值，代码如下所示。

```
import numpy as np
a = np.array([[3,7,5],[8,4,3],[2,4,9]])
print ('我们的数组是：')
print (a)
print ('调用 amin() 函数：')
print (np.amin(a,1))
print ('再次调用 amin() 函数：')
print (np.amin(a,0))
print ('调用 amax() 函数：')
print (np.amax(a))
print ('再次调用 amax() 函数：')
print (np.amax(a, axis =   0))
```

结果如图 2-29 所示。

```
我们的数组是：
[[3 7 5]
 [8 4 3]
 [2 4 9]]
调用 amin() 函数：
[3 3 2]
再次调用 amin() 函数：
[2 4 3]
调用 amax() 函数：
9
再次调用 amax() 函数：
[8 7 9]
```

图 2-29　最大值与最小值

2. 最大值与最小值的差(ptp())

ptp()函数用于获取数组中的最大值与最小值的差值。

例如，创建一个二维数组 a，使用 ptp()函数分别按轴 0 和轴 1 计算最大值与最小值的差，代码如下所示。

```
import numpy as np
a = np.array([[3,7,5],[8,4,3],[2,4,9]])
print ('我们的数组是：')
print (a)
print ('调用 ptp() 函数：')
print (np.ptp(a))
```

```
print ('沿轴 1 调用 ptp() 函数：')
print (np.ptp(a, axis =  1))
print ('沿轴 0 调用 ptp() 函数：')
print (np.ptp(a, axis =  0))
```

结果如图 2-30 所示。

```
我们的数组是：
[[3 7 5]
 [8 4 3]
 [2 4 9]]
调用 ptp() 函数：
7
沿轴 1 调用 ptp() 函数：
[4 5 7]
沿轴 0 调用 ptp() 函数：
[6 3 6]
```

图 2-30　最大值与最小值的差

3. 平均值与中位数(mean()与 median())

median()函数用于获取数组元素当中的中位数，不同的轴上，对应的中位数不同；mean()函数用于计算数组中的算术平均数。

例如，创建一个二维数组 a，分别使用 median()与 mean()函数计算中位数和平均值，代码如下所示。

```
import numpy as np
a = np.array([[1,2,3],[3,4,5],[4,5,6]])
print ('我们的数组是：')
print (a)
print ('调用 median() 函数：')
print (np.median(a))
print ('调用 mean() 函数：')
print (np.mean(a))
```

结果如图 2-31 所示。

```
我们的数组是：
[[1 2 3]
 [3 4 5]
 [4 5 6]]
调用 median() 函数：
4.0
调用 mean() 函数：
3.6666666666666665
```

图 2-31　平均值与中位数

4. 加权平均值、方差和标准差(average()、var()和 std())

average()函数用于获取数组的加权平均数，std()函数用于获取数组的标准差，var()函数用于获取数组的方差。

实际应用中，也可以通过 mean()函数和特定的公式，计算出数组的标准差和方差。标准差的计算公式如下所示。

```
std = sqrt(mean((x - x.mean())**2))
```

方差的计算公式如下所示。

```
var = mean((x - x.mean())** 2)
```

例如，创建一个一维数组 a，分别使用 average()函数、std()函数和 var()函数计算加权平均值、标准差和方差，代码如下所示。

```
import numpy as np
a = np.array([1,2,3,4])
print ('调用  average()  函数：')
print (np.average(a))
print ('调用  std()  函数：')
print (np.std([1,2,3,4]))
print ('调用  var()  函数：')
print (np.var([1,2,3,4]))
```

结果如图 2-32 所示。

```
调用 average() 函数：
2.5
调用 std() 函数：
1.118033988749895
调用 var() 函数：
1.25
```

图 2-32　加权平均值、方差和标准差

5. 排序(sort())

sort()函数用于对数组的数据进行排序，语法如下所示。

```
np.sort(a, axis, kind, order)
```

参数说明如下所示。

(1) a：要被排序的数组。

(2) axis：要被排序的方向。

(3) kind：排序方式，有三个可选方式：quicksort(快速排序)、mergesort(归并排序)、heapsort(堆排序)。

(4) order：如果数组包含字段，则表示要排序的字段。

例如，创建一个一维数组 a，使用 sort()函数，将一维数组 a 中的元素按从小到大排序，代码如下所示。

```
import numpy as np
a = np.array([3,1,2,4])
np.sort(a) #输出 1234
```

结果如图 2-33 所示。

array([1, 2, 3, 4])

图 2-33　数组排序

【任务实施】

第一步：下载 NumPy。在命令窗口使用 "pip install" 命令对 NumPy 的库文件进行下载。使用的命令如下所示。

```
pip install numpy
```

安装时，出现如图 2-34 所示的结果即为安装成功。

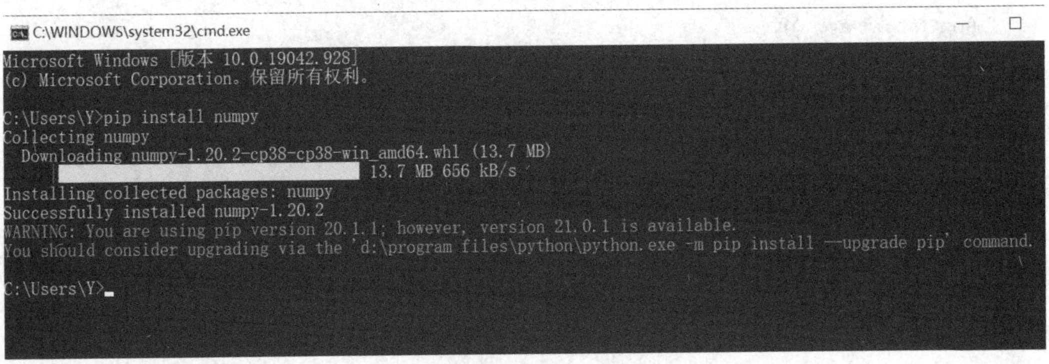

图 2-34　安装 NumPy

第二步：引入 numpy。打开 Jupyter notebook，新建一个文件，在代码行当中使用 import 引入 numpy 文件，并且作为 "np" 来使用。使用的命令如下所示。

```
import numpy as np
```

引入完成以后，使用 "np. version. version" 查看 NumPy 的版本，如图 2-35 所示。

' 1. 20. 2'

图 2-35　引入 numpy

第三步：定义一个人物类，用来区分数据中的姓名、语文、数学、英语等，并且设置字符的编码格式。代码如下所示。

```
persontype = np.dtype({
    'names':['name','chinese','english','math'],
    'formats':['S32','i','i','i']
})
```

其中，"S32" 表示字符串类型，并且是 32 位制，"i" 表示整形。

第四步：加载数据。使用 numpy 数组创建数据，并设置数据的类型，代码如下所示。

```
peoples = np.array([("张三",66,65,30),("李四 ",95,85,98),
                    ("王五",93,92,96),("马六 ",90,88,77),
                    ("乔七",80,90,90)],dtype=persontype)
```

第五步：统计单项成绩。读取数组的数据，先统计单科成绩，然后赋值给单个的数组，代码如下所示。

```
chineses = peoples[:]['chinese']
englishs = peoples[:]['english']
maths = peoples[:]['math']
```

最后使用 print 函数，输出三个数组，结果如图 2-36 所示。

```
[66 95 93 90 80]
[65 85 92 88 90]
[30 98 96 77 90]
```

图 2-36　统计单科的成绩结果

第六步：计算单科的平均成绩。使用 mean()函数计算单科成绩并且输出，代码如下所示。

```
print(np.mean(chineses))
print(np.mean(englishs))
print(np.mean(maths))
```

结果如图 2-37 所示。

```
84.8
84.0
78.2
```

图 2-37　单科的平均成绩

第七步：计算方差和标准差。使用 std()函数和 var()函数计算方差和标准差并且输出，代码如下所示。

```
stdchinese = np.array(chineses)
print(np.std(stdchinese))
print(np.var(stdchinese))
stdenglish = np.array(englishs)
print(np.std(stdenglish))
print(np.var(stdenglish))
stdmath = np.array(maths)
print(np.std(stdmath))
print(np.var(stdmath))
```

结果如图 2-38 所示。

```
10.721940122944169
114.96000000000001
9.777525249264253
95.6
25.19047439013406
634.56
```

图 2-38   方差和标准差

第八步：根据成绩排序。使用 sort()函数根据成绩进行排序并且输出，代码如下所示。

```
a = np.array([chineses,englishs,maths])
print(np.sort(a))
```

结果如图 2-39 所示。

```
[[66 80 90 93 95]
 [65 85 88 90 92]
 [30 77 90 96 98]]
```

图 2-39   排序

任务 2   Pandas 数据处理和分析

【任务描述】

本任务主要利用 NumPy 和 Pandas 的相关知识以及交易信息数据集实现用户行为的分析。其中涉及 NumPy 的数组运算操作、Pandas 中数据对象的创建、缺失值处理与过滤、聚合运算等内容。本任务主要包含五个方面的内容，如下所示。

(1) 创建项目，导入数据集。
(2) 查看数据，分析数据缺失情况。
(3) 描述性统计分析，分析每一列。
(4) 聚合分析，分析消费行为的关联情况。
(5) 统计分析结果，实现分析目的。

【知识准备】

一、Pandas 简介及安装

Pandas 是一个开放源码、BSD 许可的库，提供高性能、易操作的数据结构和数据分析工具。Pandas 的名字衍生自术语 "panel data" (面板数据)和 "Python data analysis" (Python

数据分析)。Pandas 是一个强大的分析结构化数据的工具集，基于 NumPy(提供高性能的矩阵运算)实现，用于数据挖掘和数据分析，同时也实现数据清洗。另外，Pandas 还可以从各种文件格式比如 CSV、JSON、SQL、Microsoft Excel 中导入数据。Pandas 图标如图 2-40 所示。

图 2-40　Pandas 图标

Pandas 可以对数据进行各种运算操作，比如归并、再成形、选择、数据清洗和数据加工特征等。Pandas 广泛应用在学术、金融、统计学等各个数据分析领域，适用于处理以下类型的数据：

(1) 与 SQL 或 Excel 表类似，含异构列的表格数据。

(2) 有序和无序(非固定频率)的时间序列数据。

(3) 带行列标签的矩阵数据，包括同构或异构型数据。

(4) 任意其他形式的观测、统计数据集，数据转入 Pandas 数据结构时不必事先标记。

Pandas 的安装比较容易。NumPy 安装后，通过"pip install pandas"或下载源码后使用"python setup.py install"均可安装 Pandas。安装界面如图 2-41 所示。

```
C:\WINDOWS\system32\cmd.exe - pip install pandas
Microsoft Windows [版本 10.0.19042.928]
(c) Microsoft Corporation. 保留所有权利。

C:\Users\Y>pip install pandas
Collecting pandas
  Downloading pandas-1.2.4-cp38-cp38-win_amd64.whl (9.3 MB)
                                    5.0 MB 20 kB/s eta 0:03:32
```

图 2-41　Pandas 的安装

Pandas 安装完成后，即可使用 import 进行 Pandas 引用并重命名为"pd"，示例如下所示。

```
import pandas as pd
```

二、Pandas 基础

1. Series 类型

Series 是一种一维数组对象，由一组数据(各种 NumPy 数据类型)以及一组与之相关的数据标签(即索引)组成。Series 数据类型的字符串表现形式为：索引在左边，值在右边。可以通过一组简单的数据查看 Series 的数据结构，代码如下所示。

```
import pandas as pd
obj = pd.Series([4, 7, -5, 3])
print(obj)
```

这里使用 pd.Series 创建了一个 Series 对象。输出结果如图 2-42 所示。

```
0    4
1    7
2   -5
3    3
dtype: int64
```

图 2-42　Series 的使用

其中，左边 0 至 3 是 Series 的索引，右边是数据。

在使用 Series 时，还可以自己传入索引的内容来作为索引，代码如下所示。

```
import pandas as pd
obj = pd.Series([4, 7, -5, 3], index=['d', 'b', 'a', 'c'])
print(obj)
```

其中，index 中的内容可以作为 Series 对象的索引来使用。输出结果如图 2-43 所示。

```
d    4
b    7
a   -5
c    3
dtype: int64
```

图 2-43　使用自定义索引

在 Series 对象中，数据和索引具有两个属性，分别为 values 和 index 属性，表示形式和索引对象。values 和 index 属性的使用如下所示。

```
import pandas as pd
obj = pd.Series([4, 7, -5, 3])
# 获取数据
print(obj.values)
# 重新设置索引
obj.index = ['a', 'b', 'c', 'd']
print(obj)
```

结果如图 2-44 所示。

```
[ 4  7 -5  3]
a    4
b    7
c   -5
d    3
dtype: int64
```

图 2-44　values 和 index 的使用

在创建 Series 数据对象时，除了使用类似 NumPy 中数组创建的方式，还可以使用 Python 中字典的方式创建，只需要将字典的数据传输给 Series 就可以实现创建。使用字典作为数据创建 Series 数据对象，代码如下所示。

```
import pandas as pd
sdata = {'Ohio':35000, 'Texas':71000, 'Oregon':16000, 'Utah':5000}
obj = pd.Series(sdata)
print(obj)
```

结果如图 2-45 所示。

```
Ohio      35000
Texas     71000
Oregon    16000
Utah       5000
dtype: int64
```

图 2-45　使用字典的方式创建 Series 对象

2. DataFrame 类型

DataFrame 是一个表格型的数据结构，含有一组有序的列，每列可以是不同的值类型 (数值、字符串、布尔值等)。DataFrame 既有行索引也有列索引，可以看作由 Series 组成的字典(共用同一个索引)，数据以一个或多个二维块存储(不是列表、字典或别的一维数据结构)。DataFrame 创建代码如下所示。

```
import pandas as pd
data ={'state':['Ohio', 'Ohio', 'Ohio', 'Nevada', 'Nevada', 'Nevada'],
'year':[2000, 2001, 2002, 2001, 2002, 2003],
'pop':[1.5, 1.7, 3.6, 2.4, 2.9, 3.2]}
frame = pd.DataFrame(data)
print(frame)
```

结果如图 2-46 所示。

```
    state  year  pop
0    Ohio  2000  1.5
1    Ohio  2001  1.7
2    Ohio  2002  3.6
3  Nevada  2001  2.4
4  Nevada  2002  2.9
5  Nevada  2003  3.2
```

图 2-46　DataFrame 的数据结构

从图 2-46 中可以看出，data 当中的每一组数据在 DataFrame 对象当中都作为一列来进行存储。除此之外，DataFrame 对象还有两个索引，一个是横向索引即数据的组名，另外一个是纵向索引，这个索引和 Series 当中的索引是等效的。

　　DataFrame 创建后，可以通过 DataFrame 对象提供的 head()方法获取前几行的数据，该方法如果不传入参数，会默认取得数据的前五行进行展示，若想要显示指定的行，可以通过对应的参数进行输出。例如，使用 head()方法获取前两行数据，代码如下所示。

```
frame.head(2)
```

结果如图 2-47 所示。

	state	year	pop
0	Ohio	2000	1.5
1	Ohio	2001	1.7

图 2-47　head()方法使用

　　DataFrame 对象在使用的时候，还可以通过 columns 参数指定序列的方法对数据进行排序，指定序列之后，整体的数据会进行排序，代码如下所示。

```
import pandas as pd
data ={'state':['Ohio', 'Ohio', 'Ohio', 'Nevada', 'Nevada', 'Nevada'],
'year':[2000, 2001, 2002, 2001, 2002, 2003],
'pop':[1.5, 1.7, 3.6, 2.4, 2.9, 3.2]}
frame = pd.DataFrame(data, columns=['year', 'state', 'pop'])
print(frame)
```

结果如图 2-48 所示。

	year	state	pop
0	2000	Ohio	1.5
1	2001	Ohio	1.7
2	2002	Ohio	3.6
3	2001	Nevada	2.4
4	2002	Nevada	2.9
5	2003	Nevada	3.2

图 2-48　指定序列排序

　　DataFrame 对象也可以使用类似于字典的方式获取数据内容，同时也可以使用属性的方式获取数据，代码如下所示。

```
import pandas as pd
data = {'state':['Ohio', 'Ohio', 'Ohio', 'Nevada', 'Nevada', 'Nevada'],
'year': [2000, 2001, 2002, 2001, 2002, 2003],
'pop': [1.5, 1.7, 3.6, 2.4, 2.9, 3.2]}
```

```
frame = pd.DataFrame(data, columns=['year', 'state', 'pop'])
print(frame['state'])
print(frame.state)
```

结果如图 2-49 所示。

```
0      Ohio
1      Ohio
2      Ohio
3      Nevada
4      Nevada
5      Nevada
Name: state, dtype: object
0      Ohio
1      Ohio
2      Ohio
3      Nevada
4      Nevada
5      Nevada
Name: state, dtype: object
```

图 2-49　获取数据内容

3. Pandas 的汇总和计算功能

Pandas 对象拥有许多常见的数学和统计的方法，利用这些方法可以实现约简和汇总统计。例如，从 Series 中提取单个值(最大值、平均值、中位数)、从 DataFrame 对象的行或者列中提取一个 Series 对象等。常用方法如表 2-12 所示。

表 2-12　Pandas 对象数学和统计方法

方　　法	说　　明
sum()	总和
idxmax()	最大值
idxmin()	最小值
describe()	描述性统计
unique()	去重
value_counts()	重复次数

1) sum()

sum()方法在使用的时候可以传入 axis 的值，接收到 axis 的值以后会按照对应的轴求和，否则会全部求和。调用 DataFrame 的 sum()方法会返回一个含有列的和的 Series 对象并计算总和，代码如下所示。

```
import pandas as pd
df = pd.DataFrame([[1.4, 2], [7.1, -4.5], [2, 2], [0.75, -1.3]], index=['a', 'b', 'c', 'd'],
                  columns=['one', 'two'])
print(df)
```

结果如图 2-50 所示。

```
      one   two
a    1.40   2.0
b    7.10  -4.5
c    2.00   2.0
d    0.75  -1.3
```

图 2-50　sum()方法的使用

2) idxmax()、idxmin()

DataFrame 对象在使用时，除了直接返回计算值，还可以进行间接统计，通过 idxmax() 和 idxmin()两种方法获取最大值和最小值，代码如下所示。

```
import pandas as pd
df = pd.DataFrame([[1.4, 2], [7.1, -4.5], [2, 2], [0.75, -1.3]],
                 index=['a', 'b', 'c', 'd'],
                 columns=['one', 'two'])
print(df.idxmax())
print("--------")
print(df.idxmin())
```

结果如图 2-51 所示。

```
one       b
two       a
dtype: object

one       d
two       b
dtype: object
```

图 2-51　间接获取统计

3) describe()

describe()方法可以统计多种数据，包括数据个数、平均数、最大值、最小值以及数值占比。describe()方法的使用代码如下所示。

```
import pandas as pd
df = pd.DataFrame([[1.4, 2], [7.1, -4.5],[2, 2], [0.75, -1.3]],
                 index=['a', 'b', 'c', 'd'],
                 columns=['one', 'two'])
print(df. describe())
```

结果如图 2-52 所示。

```
         one        two
count  4.000000   4.000000
mean   2.812500  -0.450000
std    2.903554   3.116087
min    0.750000  -4.500000
25%    1.237500  -2.100000
50%    1.700000   0.350000
75%    3.275000   2.000000
max    7.100000   2.000000
```

图 2-52　describe()方法使用

4) unique()

Pandas 提供的 unique()方法，可以对数据进行去重操作，将数组当中的重复项全部除去，生成一组新的数据，并进行返回。unique()方法的使用代码如下所示。

```
import pandas as pd
obj = pd.Series(['c', 'a', 'd', 'a', 'a', 'b', 'b', 'c', 'c'])
uniques = obj.unique()
print(uniques)
```

结果如图 2-53 所示。

```
['c' 'a' 'd' 'b']
```

图 2-53　unique()方法使用

5) value_counts()

value_counts()方法用于查看 Series 数据中元素重复的次数，并将结果以降序的顺序排序，如果不想排序，则可以通过设置 value_counts(sort=False)实现。value_counts()方法的使用代码如下所示。

```
import pandas as pd
obj = pd.Series(['c', 'a', 'd', 'a', 'a', 'b', 'b', 'c', 'c'])
print(obj.value_counts())
print(obj.value_counts(sort=False))
```

结果如图 2-54 所示。

```
c    3
a    3
b    2
d    1
dtype: int64
c    3
a    3
d    1
b    2
dtype: int64
```

图 2-54　value_counts 的使用

value_counts()方法还是一个 Pandas 对象方法，即可以通过 Pandas 对象直接调用，代码如下所示。

```
import pandas as pd
obj = pd.Series(['c', 'a', 'd', 'a', 'a', 'b', 'b', 'c', 'c'])
pd.value_counts(obj,sort=False)
```

结果如图 2-55 所示。

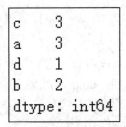

图 2-55　直接调用 value_counts()方法

三、Pandas 数据管理

Pandas 数据管理的方式可以分为两种，分别是以文本形式的输入/输出、二进制数据格式的输入/输出。

1. 文本形式的输入/输出

Pandas 提供了一些将表格型数据转化成 DataFrame 对象的方法。在这些方法中，最为常用的就是 read_csv()和 read_table()，本章节主要对这两种方法展开叙述。数据转化和读取方法的使用如表 2-13 所示。

表 2-13　数据转化和读取的方法

方　法	说　　明
read_csv()	从文件、URL、文件型对象中加载带分隔符的数据。默认分隔符为逗号
read_table()	从文件、URL、文件型对象中加载带分隔符的数据。默认分隔符为制表符('\t')
read_fwf()	读取指定列宽度的数据，没有分隔符
read_excel()	从 Excel XLS 文件读取表格数据
read_hdf()	读取 pandas 写的 HDF5 文档
read_html()	读取 HTML 文档中的所有表格
read_json()	读取 JSON 字符中的数据
read_msgpack()	二进制格式的 pandas 数据
read_sql()	读取 SQL 查询结果为 pandas 的 DataFrame
read_pickle()	读取 Python pickle 格式中存储的任意对象

Pandas 的许多函数都有推断功能，如 read_csv()函数，在使用时会自动判断数据的类型，并且将数据类型保存下来。使用 read_csv()函数读取 CSV 文件的代码如下所示。

```
import pandas as pd
df = pd.read_csv('ex1.csv')
print(df)
```

结果如图 2-56 所示。

	a	b	c	d	message
0	1	2	3	4	hello
1	5	6	7	8	world
2	9	10	11	12	foo

图 2-56　read_csv 方法的使用

对于使用 read_csv( )函数的这个数据也可以使用 read_table( )方法进行读取，读取的时候需传入一个参数，这个参数是需要指定使用符号进行分隔。例如，读取“ex1.csv”就需要使用逗号进行分隔，代码如下所示。

```
import pandas as pd
df = pd.read_table('ex1.csv', sep=',')
print(df)
```

使用 read_table()的输出和使用 read_csv()函数的输出是等效的。

2. 二进制数据格式的输入/输出

在进行数据分析时，一般数据量都是非常庞大的，为了提高数据处理的性能，将数据保存为二进制的数据。Python 中内置了 pickle 序列化模块，可以将数据转化为二进制进行存储。因此，每一个 Pandas 对象都有一个 to_pickle()方法。使用方法的代码如下所示。

```
import pandas as pd
df = pd.read_table('ex1.csv', sep=',')
df.to_pickle('ex1_pickle')
obj = pd.read_pickle('ex1_pickle')
print(obj)
```

结果如图 2-57 所示。

	a	b	c	d	message
0	1	2	3	4	hello
1	5	6	7	8	world
2	9	10	11	12	foo

图 2-57　数据二进制化

四、Pandas 数据聚合

Pandas 支持数据聚合。聚合指的是任何能够从数组产生标量值的数据转换过程，如 mean()、count()、max()等都属于聚合函数。但聚合前需要通过 groupby()方法根据字段进行分组，再使用 agg()函数指定所需聚合操作。

在 Pandas 中，还可以通过自定义函数实现数据的聚合。通过自定义函数进行聚合操作的代码如下所示。

```python
import pandas as pd
import numpy as np
df = pd.DataFrame({'key1' : ['a', 'a', 'b', 'b', 'a'],
                   'key2' : ['one', 'two', 'one', 'two', 'one'],
                   'data1' : np.random.randn(5),
                   'data2' : np.random.randn(5)})
grouped = df.groupby('key1')
def peak_to_peak(arr):
    return arr.max() - arr.min()
print(grouped.agg(peak_to_peak))
```

结果如图 2-58 所示。

```
           data1       data2
key1
a        2.214158    1.901849
b        0.950140    2.244775
```

图 2-58　使用自定义聚合函数

【任务实施】

第一步：创建项目。打开"jupyter notebook"软件，先创建一个新的 python 文件，然后导入任务需要使用的依赖库 NumPy 和 Pandas，代码如下所示。

```python
import pandas as pd
import numpy as np
```

第二步：导入数据，查看缺失情况。先使用 read_excel 方法读取数据集，然后在 notebook 输出数据结果，最后分析数据的确实情况，代码如下所示。

```python
data = pd.read_excel('alipay_data.xlsx')
data.info()
```

结果如图 2-59 所示。

```
<class 'pandas.core.frame.DataFrame'>
RangeIndex: 79791 entries, 0 to 79790
Data columns (total 28 columns):
 #   Column                        Non-Null Count   Dtype
---  ------                        --------------   -----
 0   id                            79791 non-null   int64
 1   uuid                          79791 non-null   object
 2   alipay_account_uuid           79791 non-null   object
 3   alipay_order_no               79791 non-null   object
 4   merchant_order_no             70368 non-null   object
 5   order_type                    79791 non-null   object
 6   order_status                  79791 non-null   object
 7   owner_user_id                 79791 non-null   int64
 8   owner_logon_id                51783 non-null   object
 9   owner_name                    62526 non-null   object
 10  opposite_user_id              77525 non-null   float64
 11  opposite_name                 78700 non-null   object
 12  银行关联                          2467 non-null    object
 13  opposite_logon_id             58519 non-null   object
 14  partner_id                    49003 non-null   object
 15  order_title（支付宝交易商品名称）        79773 non-null   object
 16  type（文本分类结果）                  79773 non-null   object
 17  二级                            15303 non-null   object
 18  total_amount                  79791 non-null   float64
 19  service_charge                79791 non-null   int64
 20  order_from                    79791 non-null   object
 21  create_time                   79791 non-null   datetime64[ns]
 22  modified_time                 79791 non-null   datetime64[ns]
 23  date                          79791 non-null   int64
 24  in_out_type                   79791 non-null   object
 25  insert_time                   79791 non-null   datetime64[ns]
 26  update_time                   79791 non-null   datetime64[ns]
 27  工作日                           79791 non-null   object
dtypes: datetime64[ns](4), float64(2), int64(4), object(18)
memory usage: 17.0+ MB
```

图 2-59　数据输出

第三步：描述性统计分析。统计各个列中的数据，并查询出不重复的字段，代码如下所示。

```python
# data.info()
def col_info(df):
    print(f'数据共有{df.shape[0]}行，{df.shape[1]}个字段')
    print('--------------------\n')
    cols=df.columns
    col_info_dict={}
    # 遍历所有的列
    for index,col in enumerate(cols):
        # 数据去重处理，并保存到 col_info_dict
        col_info_dict[col]=[len(list(df[col].unique()))]
        print(f'{index}列{col}数据共有{len(list(df[col].unique()))}个类别的数据')
        print(f'分别为：{df[col].unique()[:10]}\n')#只显示 10 个样例
```

```
        df=pd.DataFrame(col_info_dict).T
        df.columns=['类别数据']
        return df
col_info(data)
```

结果如图 2-60 所示。

```
6列order_status数据共有16个类别的数据
分别为：['TRADE_FINISHED' 'TRADE_CLOSED' 'TRADE_SUCCESS' 'SUCCESS'
 'TRANSFER_WITHDRAW_SUCCESS' '_OTHERS' 'ACC_FINISHED' 'TRANSFER_FINISH'
 'WAIT_BUYER_CONFIRM_GOODS' 'WAIT_BUYER_PAY']

7列owner_user_id数据共有174个类别的数据
分别为：[2088511141397640 2088502892135670 2088612288815290 2088802745978440
 2088702144222260 2088302427807570 2088112036810060 2088102413431230
 2088002128186400 2088111391539440]

8列owner_logon_id数据共有185个类别的数据
分别为：['min*@sina.com' '186****3635' 'zho*@yeah.net' '150****4446' 'wo2*@qq.com'
 'wu1*@126.com' nan 'edd*@yeah.net' '451*@qq.com' 'bei*@163.com']

9列owner_name数据共有169个类别的数据
分别为：['*圳千里驹电子商务有限公司' '*胜槐' '*钟均' '*凤洋' '*冬梅' '*林峰' nan '*尚
智' '*蔚' '*琪欣']

10列opposite_user_id数据共有13889个类别的数据
分别为：[2.08831221e+15 2.08841240e+15 2.08841240e+15 2.08850298e+15
```

图 2-60　单列字段统计

第四步：用户行为分析。通过查看字段可以看出 order_from 字段能够简单地划分所有交易 di 数据的来源，并进行简单的描述统计，但在统计的时候发现有无效数据，即支付状态里面的“TRADE_CLOSED”(交易关闭)。因此，需要删除无效数据，代码如下所示。

```
data=data[data['order_status'] !='TRADE_CLOSED']
```

通过聚合运算统计各种支付方式的支付总数、订单个数以及平均值三项的代码如下所示。

```
da_1=data.groupby('order_from').agg({'total_amount':['sum','count','mean']})
da_1
```

结果如图 2-61 所示。

	total_amount		
	sum	count	mean
order_from			
ALIPAY	1.063815e+08	33584	3167.030386
OTHER	7.635457e+06	20718	368.542179
TAOBAO	7.868979e+06	19161	410.676864

图 2-61　不同类型的交易总量

第五步：进一步细化分析。对数据进行进一步拆分，分析三种类型下各种交易行为支付的明细，代码如下所示。

pd.DataFrame(data.groupby(['order_from','type(文本分类结果)']).agg({'total_amount':['sum', 'count', 'mean']})['total_amount'])

结果如图 2-62 所示。

ALIPAY				
	代付	22356.72	74	302.117838
	余额宝	842061.10	495	1701.133535
	保险	22.17	84	0.263929
	信用卡还款	1570083.62	617	2544.706029
	其他	293395.05	7771	37.755122
	娱乐/游戏	166.00	1	166.000000
	家用电器	376478.36	657	573.026423
	提现	28715113.76	1008	28487.216032
	普通充值	2677909.41	659	4063.595463
	服饰	14812.00	430	34.446512
	淘宝客佣金	2740.10	3554	0.770990
	淘宝贷款借款	20648252.88	632	32671.286203
	淘宝贷款还款	20357563.75	7828	2600.608553
	生活家居	11842.46	77	153.798182
	直通车充值	67500.00	21	3214.285714
	花呗/白条	104765.85	108	970.054167
	行	9808.00	3	3269.333333
	转账	30634474.55	8917	3435.513575
	返现	12202.69	648	18.831312

(a)

TAOBAO				
	3C数码	217185.44	847	256.417285
	代付	446.96	1	446.960000
	余额宝	100.00	1	100.000000
	保险	15961.00	149	107.120805
	其他	41633.06	70	594.758000
	化妆品	733214.09	2059	356.102035
	娱乐/游戏	189985.03	1357	140.003707
	家庭/个人日常	22408.70	85	263.631765
	家用电器	4947366.13	4342	1139.421034
	彩票	27943.60	1234	22.644733
	服务充值	159681.61	1596	100.051134
	服饰	1090914.47	4181	260.921901
	生活家居	205938.68	2820	73.027901
	行	200787.82	235	854.416255
	订单	7712.58	149	51.762282
	转账	2069.00	2	1034.500000
	返现	596.22	16	37.263750

(b)

OTHER				
	3C数码	47121.55	92	512.190761
	保险	13.20	1	13.200000
	其他	1690.11	89	18.990000
	化妆品	71698.16	155	462.568774
	基金	1040.54	21	49.549524
	娱乐/游戏	178633.19	1201	148.737044
	家庭/个人日常	9410.84	47	200.230638
	家用电器	950346.73	2736	347.348951
	彩票	35.00	6	5.833333
	微店	3907.00	4692	0.832694
	提现	2445.00	5	489.000000
	服务充值	108221.06	58	1865.880345
	服务费用	1651945.00	2457	672.342287
	服饰	4092378.08	6784	603.239693
	生活家居	16417.17	117	140.317692
	网贷	181815.92	117	1553.982222
	行	250447.09	1322	189.445605
	订单	67391.23	817	82.486206
	返现	500.00	1	500.000000

(c)

图 2-62　ALIPAY 明细

第六步：通过分析交易产生的日期类别，对用户交易行为进行进一步的统计分析。代码如下所示。

```
pd.DataFrame(data.groupby(['工作日
','order_from']).agg({'total_amount':['sum','count','mean']})['total_amount'])
```

结果如图 2-63 所示。

		sum	count	mean
工作日	order_from			
周末	ALIPAY	2.914713e+07	9572	3045.040397
	OTHER	2.036262e+06	8990	226.503014
	TAOBAO	2.292206e+06	5373	426.615598
工作日	ALIPAY	7.721442e+07	24012	3215.659745
	OTHER	5.599195e+06	11728	477.421109
	TAOBAO	5.576774e+06	13788	404.465751

图 2-63　交易日期行为

通过图 2-63 可以看出，虽然工作日的交易数量远远大于周末的交易数量，但是周末产生的都是较大额交易，交易单价高于工作日单价。

小　　结

通过对本单元的学习，了解 NumPy 和 Pandas 的安装和引用，掌握 NumPy 数组的创建和操作的一系列方法，了解 Pandas 的发展和由来，掌握 Pandas 的数据结构、汇总和计算功能以及 Pandas 的数据管理功能等。

总 体 评 价

通过学习本任务，看自己是否掌握了以下技能，在技能检测表中标出已掌握的技能。

评价标准	个人评价	小组评价	教师评价
(1) 是否了解 NumPy 的基础知识和相关操作			
(2) 是否掌握 Pandas 的数据结构和数据管理的操作			

注：A 表示能做到；B 表示基本能做到；C 表示部分能做到；D 表示基本做不到。

课 后 习 题

一、选择题

(1) 当我们需要在命令行中安装 NumPy 的依赖时，使用以下(　　)。

A. pip install NumPy　　　　　　　B. npm install NumPy

C. yarn install NumPy　　　　　　　D. install NumPy

(2) 仔细阅读下面这段代码，对于它的输出下面(　　)是正确的。

```
import numpy as np
a = np.array([0,1,2])
print (isinstance(a,np.ndarray))
```

A. [0,1,2]　　　　　　　　　　　B. False

C. True　　　　　　　　　　　　D. isinstance(a,np.ndarray)

(3) 仔细阅读下面这段代码，对于它的输出下面(　　)是正确的。

```
import numpy as np
a = np.arange(8)
b = a.reshape(4,2)
print(b)
```

A. [0,1,2,3,4,5,6,7]　　　　　　B. [1,2,3,4,5,6,7,8]

C. [[1,2]　　　　　　　　　　　D. [[0 1]

　　[3,4]　　　　　　　　　　　　[2 3]

　　[5,6]　　　　　　　　　　　　[4 5]

　　[7,8]]　　　　　　　　　　　[6 7]]

(4) NumPy 当中对于数学统计函数的支持也是很友好的，以下(　　)函数可以用来获取一组数的中位数。

A. amax　　　　　　　　　　　　B. median

C. mean　　　　　　　　　　　　D. average

(5) 要使用 Pandas，首先就得熟悉它的两个主要数据结构：Series 和(　　)。

A. Map　　　　　　　　　　　　B. Array

C. DataFrame　　　　　　　　　D. Data

二、简答题

(1) 简要介绍 NumPy 当中 ndarray 对象的组成。

(2) 列举三种 NumPy 当中的数学统计函数，并简要说明它们的作用。

学习单元三　Requests 网页访问

项目概述

在实际的开发中,所需数据是各种各样的,虽然在网络上有许多开源的数据集,但这些数据集不一定符合项目需求,这时就需要主动获取项目需要的数据集。数据采集是数据分析必不可少的环节,因此学会数据采集就显得尤为重要。本单元将介绍与数据采集相关的知识,主要涉及网络请求的基础知识(HTTP 原理、请求的状态码、超文本等)、网络爬虫技术、Requests 库的安装使用以及 Requests 库的高级使用等。

思维导图

思政聚焦

目前,虽然我国在网络安全领域取得了很大成就,但全球网络空间的情况纷繁复杂,人工智能、区块链、5G、量子通信等具有颠覆性的战略性新技术突飞猛进,大数据、云计算、物联网等基础应用持续深化,数据泄露、高危漏洞、网络攻击以及相关的智能犯罪等网络安全问题随着新技术的发展呈现出新变化,严重危害国家关键基础设施的安全、人民群众的隐私安全及社会稳定。截至目前,全球泄露信息的数量高达 352.79 亿条,大约 21.2 亿人。

针对数据安全的重重危机,个人用户和企业都应提高网络安全意识,做好自身数据安全保护工作，降低数据泄露的风险。

任务 1　Requests 数据采集

【任务描述】

本次任务基于 Requests 库实现豆瓣电影排行信息的爬取，其中包含与 HTTP 请求相关的内容、Requests 的安装和使用、爬虫的实现、Requests 实现爬虫、爬取信息 JSON 化等内容。本次任务的主要内容如下：

(1) 安装 Requests，成功调用 Requests 库。

(2) 分析豆瓣电影信息网站。

(3) 编写代码，爬取信息。

(4) 将爬取的信息 JSON 化，并输出。

【知识准备】

一、网络请求

网络请求是客户端和服务器端进行数据交换的一种手段。通过网络请求，客户端可以从服务器端获取需要的数据，也可以在收到请求后返回数据。网络请求过程如图 3-1 所示。

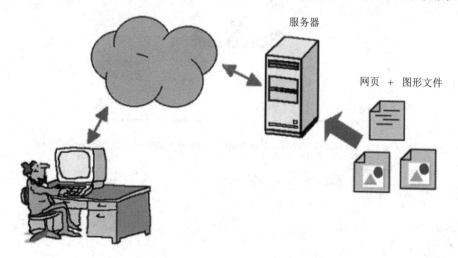

图 3-1　网络请求

客户端要获取某些信息，会通过网络向服务器端发送一个请求，服务器端会对请求进行拆解，并通过自己的存储空间或者数据库搜索数据，然后将数据返回到客户端。

1. HTTP 请求

　　HTTP 请求是指从客户端到服务器端的请求消息，包括消息首行中、对资源的请求方法、资源的标识符及使用的协议。只有通过 HTTP 才能实现网络请求。HTTP 还规定了请求的数据格式、请求的头部、采用的协议等内容。HTTP 请求都是通过 URL 发起的。URL 的形式如图 3-2 所示。

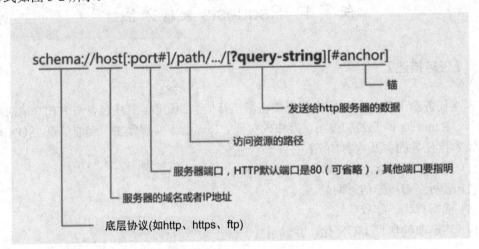

图 3-2　URL 的形式

　　每访问一次，URL 就进行一次网络请求，每进行一次网络请求，服务器端对应会收到一个网络响应。例如，访问百度网的地址 https://www.baidu.com/，打开浏览器，在地址栏输入地址，按鼠标右键选择"检查"，对地址按下回车键，浏览器开发者工具的"Network"栏中会产生一个网络请求，如图 3-3 所示。

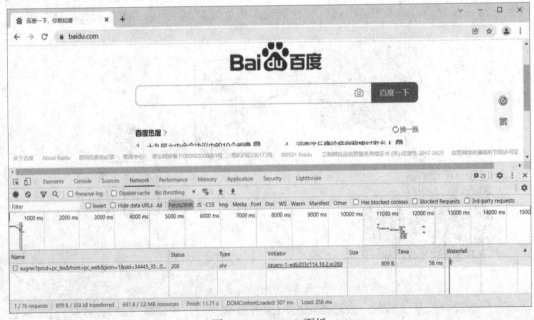

图 3-3　　Network 面板

每一个网络请求都有 Name、Status、Type、Initiator、Size、Time、Waterfall 等属性。属性说明如表 3-1 所示。

表 3-1　网络请求的属性

方　法	说　　明
Name	请求的名称，一般会将 URL 的最后一段作为名称
Status	请求的状态码，200 表示请求成功，404 表示找不到文件等
Type	文档的类型，document 表示 html 页面，css 表示 CSS 样式表，img 表示图片
Initiator	请求源，用来标记请求是由哪个对象或者进程发起的
Size	表示从服务器下载的数据的大小
Time	表示从服务器下载对应大小数据所用的时间
Waterfall	网络请求的可视化瀑布流

2. 请求和响应

请求是指从客户端到服务器端的请求消息。一个完整的 HTTP 请求可以分为三个部分：请求行、请求头、请求体。请求结构如图 3-4 所示。

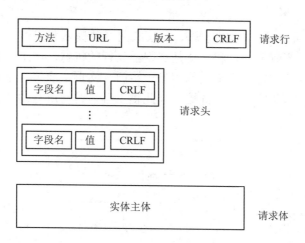

图 3-4　请求结构

请求行中包含请求的方法、请求的 URL、协议版本及换行符号(CRLF)；请求头中包含多组键值对的数据和换行符号；请求体当中包含请求的主体。

响应是指服务端对客户端请求的回应。一个完整的响应同样包含三个部分，分别是状态码、响应头和响应体。

响应头中包含服务器的应答信息，即 Content-Type、Data、Expires 等内容。一个响应最重要的内容就是响应体，响应的正文数据、文件、图片等信息都称为响应体。例如，请求一个地址时，通过浏览器中的 "Preview" 就可以查看响应体的内容。访问百度网的响应信息如图 3-5 所示。

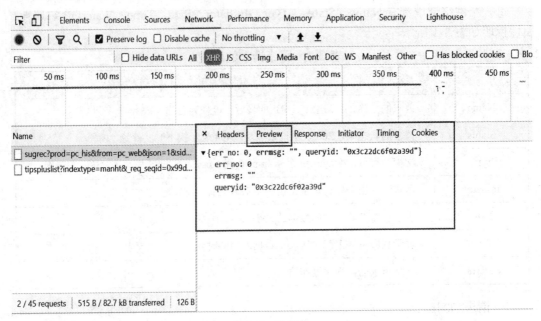

图 3-5　响应体

二、爬虫基础

　　爬虫(又称为网页蜘蛛、网络机器人)是获取网页并提取和保存信息的自动化程序。如果将互联网比作一张蜘蛛网，爬虫就是在网上爬行的蜘蛛，网上的每一个节点都可以当作一个网页，蜘蛛爬到每一个节点就相当于访问了网页，而每一个节点又连着许多节点，这些节点就可以当作网页内的链接，因此爬虫可以访问所有的节点。爬虫的架构如图 3-6 所示。

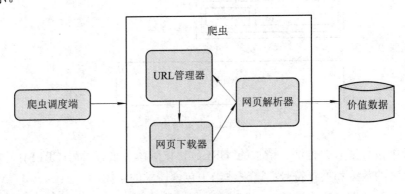

图 3-6　爬虫架构

　　爬虫调度器开启后，爬虫会指定一个链接(URL)，爬虫使用这个链接请求对应的资源，对页面进行下载，下载后对网页进行解析，网页中包含的 URL 会继续解析，直到解析完所有的 URL 就完成了一次爬取。整个爬取过程可以分为三个步骤，分别是爬取数据、提取信息以及保存数据。

　　(1) 每个爬虫程序都有若干个请求和响应，响应的内容是网页的源代码。由于需要通过人工接收每一个响应，拆分截取源代码中的信息，因此很多爬虫库应运而生，如 Requests 库、Scrapy 框架 urllib 库等。

(2) 获取到网页的源代码后，需要提取源代码中有价值的信息。通常在提取网页源码中信息时使用正则表达式匹配网页源码信息。当需要匹配的信息结构比较复杂时，对应的正则表达式也会相当复杂，需要反复调试，才能达到预期的效果。在实际应用中，Python 提供了许多第三方库，供客户利用网页良好的结构性提取数据，如 Beautiful Soup、XPath、PyQuery 等，熟练掌握这些库能让提取信息的工作事半功倍。

(3) 最后一步就是将提取到的数据保存下来，以便于进行数据分析和处理。可以将数据简单地保存为 CSV 的数据集、Excel 的表格或 JSON 的数据，也可以使用 SQL server、MySQL、MongoDB 等数据库将数据保存到数据库。

三、Requests 简介及安装

Requests 是唯一一个非转基因的 Python HTTP 库。在 Requests 之前，Python HTTP 库就出现过 urllib 库，但是由于 urllib 存在安全缺陷以及代码冗余等，现在已经很少使用。Requests 库建立在 urllib 之上，它解决了 urllib 存在的问题，而且允许用户发送原始的 HTTP 1.1 版本的请求。Requests 的图标如图 3-7 所示。

图 3-7　Requests 的图标

Requests 的安装简单，可使用 pip 命令安装。代码如下所示。

```
pip install requests
```

安装完成后，使用 import 引入 Requests 库，调用 Requests 的 get()方法向 www.baidu.com 发送请求，代码如下所示。

```
import requests
res = requests.get("http://www.baidu.com")
res.text
```

结果如图 3-8 所示。

```
'<!DOCTYPE html>\r\n<!--STATUS OK--><html> <head><meta http-e
quiv=content-type content=text/html;charset=utf-8><meta http-
equiv=X-UA-Compatible content=IE=Edge><meta content=always na
me=referrer><link rel=stylesheet type=text/css href=http://s
1.bdstatic.com/r/www/cache/bdorz/baidu.min.css><title>ç\x99¼
°¦ä‚\x80ä‚\x8bï¼<x8cä½\xa0å° ±ç\x9f¥é\x81\x93</title></head>
<body link=#0000cc> <div id=wrapper> <div id=head> <div class
=head_wrapper> <div class=s_form> <div class=s_form_wrapper>
<div id=lg> <img hidefocus=true src=//www.baidu.com/img/bd_lo
go1.png width=270 height=129> </div> <form id=form name=f act
```

图 3-8　Requests 的简单使用

四、Requests 的基础使用

Requests 爬虫是利用 Requests 技术实现爬取网页内容的一种功能，但是在实现
Requests 爬虫之前需要了解更多的 Requests 技术，否则会在实现 Requests 爬虫的过程中
遇到诸多问题。

Requests 可以使用 get()方法和 post()方法发送请求，除发起请求的方式不同外，get()
和 post()的参数和使用方法都相同。

下面以 get()方法为例，介绍如何使用 Requests 向 URL 发起请求。requests.get()请求方
法包含的部分参数如表 3-2 所示。

表 3-2　requests.get()方法包含的部分参数

参　数	描　　　述
url	访问路径
params	提交数据，以字典或字节序列形式作为参数增加到 url 中
**kwagrs	控制访问的参数

其中，**kwagrs 包含的参数如表 3-3 所示。

表 3-3　**kwagrs 包含的参数

参　数	描　　　述
data	格式为字典、字节序列或文件对象，作为 Request 的内容
json	为 JSON 格式的数据，作为 Request 的内容
headers	格式为字典，作为 HTTP 定制头
cookie	格式为字典、CookieJar，作为 Request 中的 cookie
auth	格式为元祖，支持 HTTP 认证功能
files	格式为字典类型，作为传输文件
timeout	设定超时时间，以秒为单位
proxies	格式为字典类型，设定访问代理服务器，可以增加登录认证
allow_redirects	重定向开关，值为 True、False，默认为 True
stream	获取内容立即下载开关，值为 True、False，默认为 True
verity	认证 ssl 证书开关，值为 True、False，默认为 True
cert	本地 ssl 证书路径

通过学习 requests.get()方法可以了解到，在使用 requests.get()请求 url 时会返回一个 Response 对象，该对象包含了多个用于查看详细信息的属性。Response 对象包含的部分属性如表 3-4 所示。

表 3-4　Response 对象包含的部分属性

属　性	描　述
res.states_code	获取返回的状态码
res.text / r.read()	HTTP 响应内容以文本形式返回
res.content	HTTP 响应内容的二进制形式
res.json()	HTTP 响应内容的 JSON 形式
res.raw	HTTP 响应内容的原始形式
res.encoding	从 HTTP header 中猜测的响应内容编码方式
res.apparent_encoding	从内容中分析出的响应内容编码方式(备选编码方式)
res.url	HTTP 访问的完整路径以字符串形式返回
res.encoding = 'utf-8'	设置编码
res.headers	返回字典类型，头信息
res.ok	查看值为 True、False，判断是否登录成功
res.requests.headers	返回发送到服务器的头信息
res.cookies	返回 cookie
res.history	返回重定向信息，在请求上加上 allow_redirects = false，用来阻止重定向

使用 requests.get()方法访问"www.baidu.com"，并且使用 params 参数传入请求数据，请求数据会自动拼接到 url 上，代码如下所示。

```
import requests
data = {'k1': 'v1', 'k2': ['v2', 'v3']}
res = requests.get("http://www.baidu.com",params = data)
print(res.url)
```

此时调用 res.url 会显示请求时的完整参数，与人工拼接参数相比，这个功能的效率和准确度要高得多。结果如图 3-9 所示。

http://www.baidu.com/?k1=v1&k2=v2&k2=v3

图 3-9　请求参数

Requests 除了可以携带请求参数以外，还可以自定义请求的请求头。请求头由键值对组成，这些键值对包含了数据类型(Content-Type)、时间(Date)、跨域资源访问(Access-Control-Allow-Origin)、用户代理(User-Agent)等。在使用爬虫爬取网页数据时，需要通过请求头将请求伪装成从浏览器发出去的，因为许多网站设置了反爬虫机制，会过滤掉来自除浏览器外的其他请求。伪装成浏览器的方法就是设置用户代理信息(User-Agent)，为请求添加请求头代码如下：

```
import requests
data = {'k1': 'v1', 'k2': ['v2', 'v3']}
headers = {'user-agent': 'Mozilla/5.0 (Windows NT 10.0; Win64; x64) AppleWebKit/537.36
(KHTML, like Gecko) Chrome/90.0.4430.93 Safari/537.36 Edg/90.0.818.51'}
res = requests.get("http://www.baidu.com",params = data,headers = headers)
```

Requests 库除了在请求之前进行设置以外，还可以对输出进行设置。通常情况下，Requests 会自动解码来自服务器的内容，大多数 unicode 字符集都能被无缝解码，但是有时候难免会出现乱码，如图 3-10 所示，这时可以通过设置输出字符的编码格式进行调整。

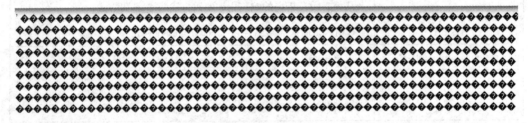

图 3-10　网页乱码

一般设置 res.encoding，即将字符集设置为"utf-8"即可解决。设计字符集的代码如下所示。

```
import requests
data = {'k1': 'v1', 'k2': ['v2', 'v3']}
headers = {'user-agent': 'Mozilla/5.0 (Windows NT 10.0; Win64; x64) AppleWebKit/537.36
(KHTML, like Gecko) Chrome/90.0.4430.93 Safari/537.36 Edg/90.0.818.51'}
res = requests.get("http://www.baidu.com",params = data,headers = headers)
res.encoding="utf-8"
print(res.text)
```

结果如图 3-11 所示。

<!DOCTYPE html><!--STATUS OK-->

<html><head><meta http-equiv="Content-Type" content="text/html;charset=utf-8"><meta http-equiv="X-UA-Compatible" content="IE=edge,chrome=1"><meta content="always" name="referrer"><meta name="theme-color" content="#ffffff"><meta name="description" content="全球领先的中文搜索引擎、致力于让网民更便捷地获取信息，找到所求。百度超过千亿的中

图 3-11　调整网页编码格式

另外，可以使用 res.content、res.json()和 res.text 将输出的内容转化成字节形式和 JSON

形式，三种方法相比较，res.content 方法的使用率较低，res.json()和 res.text 的使用率较高。需要注意的是，如果使用 res.json()转化失败，显示转化异常，则即使调用成功，也需要通过 res. status_code(状态码)判断请求是否成功，并查明出错的原因。

在日常生活中，我们在浏览器中登录了某个网站，当我们第二次打开这个网站的时候不需要登录，直接就是登录状态，这种状态一般会保持七天左右。实现这一功能使用的就是 cookie 功能，如果请求的响应中携带着 cookie 信息，则服务器就会通过 res.cookies 读取 cookie 的内容，并将 cookie 信息发送给客户端。也可以通过在请求中设置 cookies = "要设置的 cookies 内容"来实现这一功能，代码如下所示。

```
import requests
cookies = dict(cookies_are='working')
res = requests.get("http://httpbin.org/cookies", cookies = cookies)
print(res.text)
```

结果如图 3-12 所示。

```
{
    "cookies": {
        "cookies_are": "working"
    }
}
```

图 3-12　设置 cookie

下面通过一个简单爬虫案例的实现来体现 Requests 库的强大，示例中将爬取知乎网的发现页面，如图 3-13 所示。

图 3-13　知乎网的发现页面

爬取到页面内容以后，首先将内容写入到一个 html 页面当中，然后打开写入的网页，使之与知乎网的发现页面进行对比，代码如下所示。

```
import requests
#请求头字典，将请求伪装成从浏览器发出的
headers = {
        'user-agent': 'Mozilla/5.0 (Windows NT 10.0; WOW64) AppleWebKit/537.36 (KHTML, like
Gecko) Chrome/65.0.3325.146 Safari/537.36'
    }
#在 get 请求内添加 user-agent
response = requests.get(url='https://www.zhihu.com/explore', headers=headers)
# 输出状态码，200 表示成功
print(response.status_code)
# 将请求的结果写入到"zhihu_explore.html"当中
with open('zhihu_explore.html', 'w', encoding='utf-8') as f:
        f.write(response.text)
```

在 jupyter 中运行上述代码以后，会输出"200"的成功状态码，还会在同级的文件目
录中生成一个名为 zhihu_explore.html 的 html 文件。运行 zhihu_explore.html 的结果与图 3-13
一致。

五、Requests 的高级使用

Requests 有许多高级用法，比如可以让用户跨请求保持某些参数的会话对象、请求和响
应对象、SSL 证书、事件挂钩、代理等，掌握这些高级的用法是成为高级程序员的关键。

1. 会话对象

会话对象能够跨请求保持某些参数，也会在同一个 Session()实例发出的所有请求之间
保持 cookie。除此之外，会话对象还可以用来提升网络性能，如果向同一主机发送多个请
求，底层的 TCP 连接将会被重用，从而带来显著的性能提升。会话对象 Session()方法的使
用如下所示。

```
import requests
s = requests.Session()
s.get('http://httpbin.org/cookies/set/sessioncookie/123456789')
r = s.get("http://httpbin.org/cookies")
print(r.text)
```

运行上面的代码也会对会话对象设置 cookie 的信息，如图 3-14 所示。

```
{
    "cookies": {
        "sessioncookie": "123456789"
    }
}
```

图 3-14　会话对象的使用

2. 请求和响应对象

每一个请求都是一个请求对象(Request)，这个对象中包含了请求所需要的 URL、请求头、请求参数等内容，这个对象会被发送到所请求的服务器。服务器对每次请求都会返回一个响应对象，服务器返回的时候不是返回数据，而是返回一个 Response 对象，返回的所有信息都被包含在这个 Response 对象当中。可以通过 "." 方法调用任意对象的内容，代码如下所示。

```
import requests
res=requests.get("http://www.baidu.com")
print(res.headers)
print("\n")
print(res.request.headers)
```

结果如图 3-15 所示。

```
{'Cache-Control': 'private, no-cache, no-store, proxy-revalidate, no-tran
sform', 'Connection': 'keep-alive', 'Content-Encoding': 'gzip', 'Content-
Type': 'text/html', 'Date': 'Mon, 27 Dec 2021 06:32:26 GMT', 'Last-Modifi
ed': 'Mon, 23 Jan 2017 13:27:29 GMT', 'Pragma': 'no-cache', 'Server': 'bf
e/1.0.8.18', 'Set-Cookie': 'BDORZ=27315; max-age=86400; domain=.baidu.co
m; path=/', 'Transfer-Encoding': 'chunked'}
```

```
{'User-Agent': 'python-requests/2.26.0', 'Accept-Encoding': 'gzip, deflat
e', 'Accept': '*/*', 'Connection': 'keep-alive'}
```

图 3-15　请求和响应对象

3. SSL 证书

SSL 证书是数字证书当中的一种，它类似于驾驶证、护照和营业执照的电子副本。因为配置在服务器上，也称为 SSL 服务器证书。SSL 证书通过在客户端浏览器和 Web 服务器之间建立一条 SSL 安全通道(Secure Socket Layer(SSL))，安全协议是由 Netscape Communication 公司设计开发。安全协议主要用来对用户和服务器进行认证。

Requests 在使用 HTTPS 请求时，可以验证 SSL 证书，这个功能就像 web 浏览器一样。Requests 的 SSL 验证默认是开启的，如果证书验证失败，Requests 会抛出一个 SSLError 的界面。如果用户没有对网站设置 SSL，就需要在请求中添加 verify 去传入一个受信任的 CA 证书，比如 certfile 就是一个 CA 证书文件，配置 CA 证书文件方法如下所示。

```
requests.get('https://www.baidu.com', verify='/path/to/certfile')
```

4. 事件挂钩

Requests 支持事件挂钩，钩子(hook)的主要作用是提前在可能增加功能的地方预设一个钩子，当客户需要重新修改或者增加这个地方的逻辑的时候，把扩展的类或者方法挂载到这个点即可。在 Requests 中，可以用钩子来控制部分请求过程。例如，通过字典 hooks 请求参数为每一个请求都分配一个钩子函数，使用方法如下所示。

```
import requests
```

```
requests.get('https://www.baidu.com', hooks = dict(response = look_callback))
def look_callback(r, *args, **kwargs):
    print(r.url)
```

5. 代理

Requests 可以通过对请求设置 proxies 参数来设置代理，方法如下所示。

```
import requests
proxies = {
    "http": "http://10.10.1.10:3128",
    "https": "http://10.10.1.10:1080",
}
requests.get("http://example.org", proxies=proxies)
```

【任务实施】

第一步：安装 Requests。使用 pip 安装 Requests，安装的命令如下所示。

```
pip install requests
```

第二步：创建项目。打开 Jupyter notebook，新建一个 Python 文件，并使用 import 将 requests 库引入，如图 3-16 所示。

图 3-16　新建项目

第三步：分析豆瓣电影网站。打开豆瓣电影网站，在开发者工具中捕获请求，并分析请求获取关键信息。打开豆瓣电影网站(https://movie.douban.com/chart)，任意点击一个分类，如图 3-17 所示。

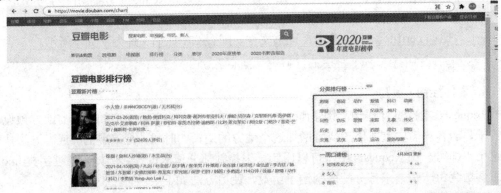

图 3-17　豆瓣电影网站

第四步：打开开发者工具，滚动鼠标，页面就会自动更新，并发送 ajax 请求，如图 3-18 所示。

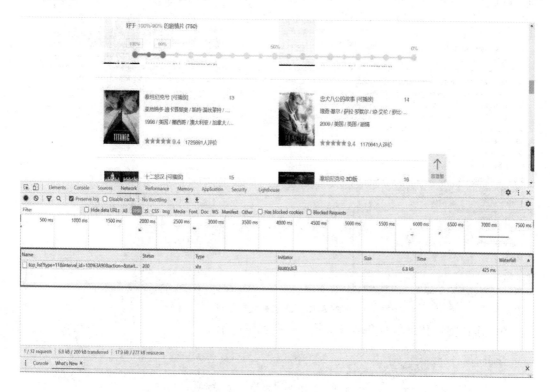

图 3-18　开发工具中的响应

第五步：打开一个响应，查看详细信息。点击"Headers"标签栏出现的信息如图 3-19 所示。

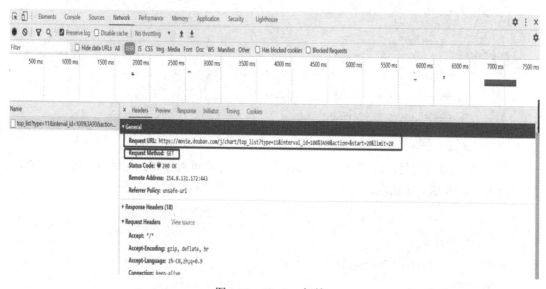

图 3-19　Headers 标签

第六步：采用图 3-19 的 URL 进行信息收集，请求方式使用 GET 请求。查看 Headers 当中的内容，获取浏览器代理信息及请求参数，如图 3-20 所示。

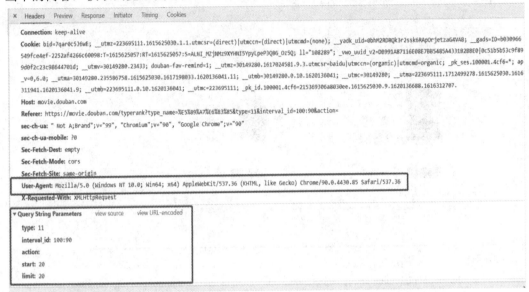

图 3-20　请求参数和代理

第七步：提取代理信息和请求参数，代码如下所示。

```python
params = {
    'type': '5',
    'interval_id':'100:90',
    'action': '',
    'start':'0',
    'limit': '20'
}
header = {
    'User-Agent':'Mozilla/5.0 (Macintosh; Intel Mac OS X 10_15_0)
AppleWebKit/537.36 (KHTML, like Gecko)
Chrome/80.0.3987.132 Safari/537.36'
}
```

第八步：编写代码。新建一个名为 url 的变量，并将第五步中的地址赋值给 url，然后使用 get 方法发送一个请求，传入代理信息的请求头和参数，代码如下所示。

```python
import requests
#豆瓣电影排行
url = 'https://movie.douban.com/j/chart/top_list'
params = {
    'type': '5',
```

```
        'interval_id':'100:90',

        'action': '',

        'start':'0',

        'limit': '20'

    }

    header = {

        'User-Agent':'Mozilla/5.0 (Macintosh; Intel Mac OS X 10_15_0) AppleWebKit/537.36
(KHTML, like Gecko) Chrome/80.0.3987.132 Safari/537.36'

    }

    response = requests.get(url=url,params=params, headers=header)
```

第九步：数据 JSON 化。调用 response.json()，代码如下所示。

```
    response.json()
```

输出结果如图 3-21 所示。

```
[{'rating': ['9.5', '50'],
  'rank': 1,
  'cover_url': 'https://img1.doubanio.com/view/photo/s_ratio_poster/public/p2206737207.jpg',
  'is_playable': True,
  'id': '1303408',
  'types': ['喜剧', '动作', '爱情'],
  'regions': ['美国'],
  'title': '福尔摩斯二世',
  'url': 'https://movie.douban.com/subject/1303408/',
  'release_date': '1924-04-21',
  'actor_count': 11,
  'vote_count': 18631,
  'score': '9.5',
  'actors': ['巴斯特·基顿',
  '凯瑟琳·麦奎尔',
  '乔·基顿',
  'Ward Crane',
  'Jane Connelly',
  'George Davis',
  'Doris Deane',
```

图 3-21　爬取的数据

　　本次任务实现了使用 Requests 爬取豆瓣电影信息，并且输出了爬取的信息。另外，也可以对爬取的信息再进行提取，读取当中的电影名称、电影评分、主演、播映时间等信息。

任务 2　Beautiful Soup 文本解析

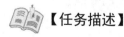【任务描述】

　　本任务主要介绍 Beautiful Soup 文本解析的使用。利用 Beautiful Soup 文本解析获取"古诗文网"的诗文数据，如图 3-22 所示。

图 3-22　古诗文网

通过 Requests 获取到诗文数据以后使用 Beautiful Soup 的节点选择器、方法选择器以及 CSS 选择器等功能将文档内容提取，并保存在文本文件中。本章节的主要内容如下：

(1) 调入项目需要依赖的库。

(2) 定义主函数和请求头，获取请求的数据。

(3) 编写代码，逐步拆解数据，并将数据保存到文本文件当中。

(4) 运行代码，查看输出结果。

 【知识准备】

一、Beautiful Soup 环境安装

Beautiful Soup 是一个 Python 的 HTML/XML 解析器，主要功能是解析和提取 HTML/XML 数据，使用 Beautiful Soup 可以使用户方便地从网页中提取数据。Beautiful Soup 在解析页面源码时，只需要将被解析的内容作为参数传递给 Beautiful Soup 的构造对象，就可以完成网页中节点、文字、元素的提取。除此之外，Beautiful Soup 还会自动将输入的文本转化成 unicode 的编码格式，输出的文档转化为 utf-8 的格式。Beautiful Soup 的解析效率是人工解析网页效率的几百倍，掌握 Beautiful Soup 的使用可以省去很多烦琐的提取工作，提高工作效率。

Beautiful Soup 的安装方法和其他库的安装方法一样，使用 Python 的 pip 工具安装，安装工具名称是 beautifulsoup4。安装代码如下所示。

```
pip install beautifulsoup4
```

服务器显示如图 3-23 结果，即为安装成功。

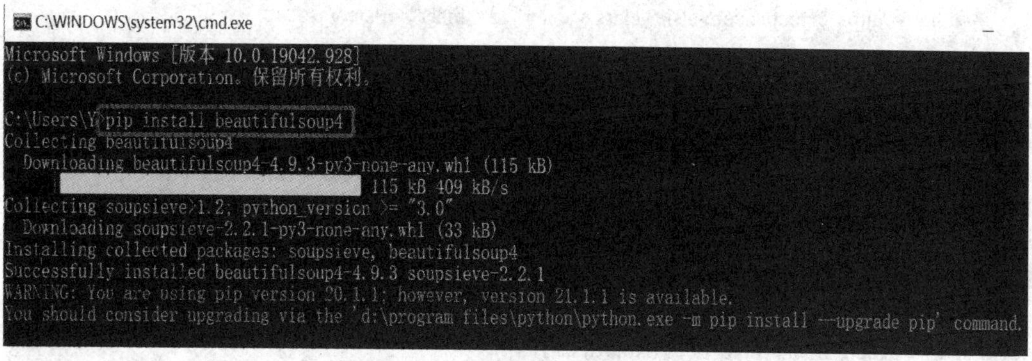

图 3-23　Beautiful Soup 的安装

Beautiful Soup 不仅支持 Python 标准库中的 HTML 解析器，还支持一些第三方的解析器，比如 lxml HTML 解析器、lxml XML 解析器和 html5lib 解析器等。Beautiful Soup 支持的解析器如表 3-5 所示。

表 3-5　Beautiful Soup 支持的解析器

解析器	使用方法	优势	劣势
HTML 解析器	BeautifulSoup(markup, "html.parser")	是 Python 的内置解析器，执行速度适中，文档容错能力强	Python 2.7.3 or 3.2.2 前的版本中文档容错能力差
lxml HTML 解析器	BeautifulSoup(markup, "lxml")	速度快，文档容错能力强	需要安装 C 语言库
lxml XML 解析器	BeautifulSoup(markup, ["lxml-xml"]) BeautifulSoup(markup, "xml")	速度快,唯一支持 XML 的解析器	需要安装 C 语言库
html5lib 解析器	BeautifulSoup(markup, "html5lib")	具有最好的容错性、以浏览器的方式解析文档，生成 HTML5 格式的文档	速度慢,不依赖外部扩展

表 3-5 中的第三方解析器在使用时需要单独安装，若不安装该解析器，Beautiful Soup 会使用 Python 默认的解析库。如安装 lxml 解析库的代码如下所示。

```
pip install lxml
```

通过 Beautiful Soup 的一个使用示例来体现 Beautiful Soup 的强大之处，定义一个 html 结构的字符串。通过 import 引用 Beautiful Soup，并使用 Beautiful Soup 构造对象，传递两个参数，第一个参数是需要解析的内容，第二个参数是设置解析器的类型，之后调用 prettify()方法将输入的内容按照标准的缩进格式输出，代码如下所示。

```
html_doc = """
<html><head><title>The Dormouse's story</title></head>
<body>
<p class="title"><b>The Dormouse's story</b></p>
<p class="story">Once upon a time there were three little sisters; and their names were
```

```
<a href="http://example.com/elsie" class="sister" id="link1">Elsie</a>,
<a href="http://example.com/lacie" class="sister" id="link2">Lacie</a> and
<a href="http://example.com/tillie" class="sister" id="link3">Tillie</a>;
and they lived at the bottom of a well.</p>
<p class="story">...</p>
"""
# 引入库文件
from bs4 import BeautifulSoup
soup = BeautifulSoup(html_doc, 'html.parser')
print(soup.prettify())
```

结果如图 3-24 所示。

```
<html>
 <head>
  <title>
   The Dormouse's story
  </title>
 </head>
 <body>
  <p class="title">
   <b>
    The Dormouse's story
   </b>
  </p>
  <p class="story">
   Once upon a time there were three little sisters; and their names were
   <a class="sister" href="http://example.com/elsie" id="link1">
    Elsie
   </a>
   ,
   <a class="sister" href="http://example.com/lacie" id="link2">
    Lacie
   </a>
   and
   <a class="sister" href="http://example.com/tillie" id="link3">
    Tillie
   </a>
   ;
and they lived at the bottom of a well.
  </p>
  <p class="story">
   ...
  </p>
 </body>
</html>
```

图 3-24 标准输出

代码中 html 结构的字符串并不是一个完整的 HTML 结构，因为 body 标签和 html 标签并没有闭合。而 Beautiful Soup 在输出结果中自动补全了 body 标签和 html 标签，即对于不标准的 HTML 字符串，Beautiful Soup 可以自动进行更正。

若要提取 HTML 页面中的文本内容，只需通过 Beautiful Soup 对象调用 get_text()方法即可，代码如下所示。

```
print(soup.get_text())
```

结果如图 3-25 所示。

```
The Dormouse's story

The Dormouse's story
Once upon a time there were three little sisters; and their names were
Elsie,
Lacie and
Tillie;
and they lived at the bottom of a well.
...
```

图 3-25 输出页面中的文字

二、Beautiful Soup 使用

使用 Beautiful Soup 时，需要将一段文档传入 Beautiful Soup 的构造方法，就能得到一个文档对象，可以传入一段字符串或一个文件句柄。

1. 对象的种类

Beautiful Soup 会将 HTML 文档转换为一个复杂的树形结构，这个树上的每个节点都是 Python 对象，所有对象可以归纳为 4 种：Tag、Navigable String、Beautiful Soup 和 Comment，每个对象都有不同的含义和作用。

1) Tag 对象

Tag 对象表示标签。与 XML 和 HTML 中的 Tag 一样，Tag 对象在获取属性时默认通过字典的方式存储，若要改变这些属性需要使用为字典赋值的方式进行修改。Tag 对象中主要有两个属性，如表 3-6 所示。

表 3-6 Tag 对象属性

属　性	说　明
name	用于获取标签名
attrs	用于获取当前标签的所有属性

例如，创建 Beautiful Soup 对象并传入一个 b 标签，设置样式类为"boldest"、id 为"name"，使用 attrs 属性获取 b 标签的所有属性，代码如下所示。

```
from bs4 import BeautifulSoup
soup = BeautifulSoup('<b id="name" class="boldest">Extremely bold</b>')
```

```
tag = soup.b
print(type(tag))
print(tag.attrs)
```

结果如图 3-26 所示。

```
<class 'bs4.element.Tag'>
{'id': 'name', 'class': ['boldest']}
```

图 3-26　Tag 对象的使用

2) Navigable String 对象

Navigable String 对象可以返回一个可遍历的字符串。在 Beautiful Soup 中获取的 Tag(标签)中间的字符串就用 Navigable String 类来包装，因此，可以通过对象 Tag 的 string 属性获取到 Navigable String 类的对象。例如，使用 Beautiful Soup 构造器创建 Beautiful Soup 对象并传入 b 标签，获取 b 标签中的文本内容，代码如下所示。

```
from bs4 import BeautifulSoup
soup = BeautifulSoup('<b class="boldest">Extremely bold</b>')
tag = soup.b
print(tag.string)
```

结果如图 3-27 所示。

```
Extremely bold
```

图 3-27　Navigable String 对象

3) Beautiful Soup 对象

Beautiful Soup 对象表示一个页面的所有内容，也可以看作是一个 Tag，这个 Tag 中包含所有的子标签。Beautiful Soup 与其他的 Tag 存在着不一样的地方，比如 ".attribute" 是不存在的，因为文档的顶级对象是没有属性的，再比如调用 ".name"，只会输出 "document"。

4) Comment 对象

Comment 对象是 Navigable String 对象的子类，在提取页面数据方面，Tag 对象和 Beautiful Soup 对象以及 Navigable String 对象可以实现所有的需求。对于一些特殊的需求，如获取网页的注释，因为网页中的注释只会在网页的源代码中显示，而不显示在页面中，可以使用 Comment 对象进行获取，代码如下所示。

```
from bs4 import BeautifulSoup
markup = "<b><!--Hey, buddy. Want to buy a used parser?--></b>"
soup = BeautifulSoup(markup)
comment = soup.b.string
type(comment)
comment
```

结果如图 3-28 所示。

'Hey, buddy. Want to buy a used parser?'

图 3-28　comment 对象

2. 节点选择器

使用 Beautiful Soup 对象调用节点名称可以获取该节点,再通过调用 string 属性就可以获取节点内的 Navigable String 字符串,但是如果遇到节点特别多,结构复杂的网页时,使用这种方式就会显得极为烦琐。在选择节点不能做到一步选择到位时,可以先选择一个元素作为节点,然后选择其子节点、父节点、兄弟节点等,这就是关联选择。

1) 子节点选择器

使用 Beautiful Soup 对象选择到一个节点以后,如需获取这个节点的子节点(子节点是指当前节点中包含的节点),可以使用子节点选择器,常用子节点选择器分别为 contents 和 children。属性如表 3-7 所示。

表 3-7　子节点选择器

属　　性	描　　述
contents	获取直接子节点
children	获取子孙节点

例如,创建一个 HTML 结构的字符串传入 Beautiful Soup 创建对象,分别使用 contents 属性和 children 属性获取 div 标签的子节点,代码如下所示。

```
html_doc = """
<div>
The Dormouse's story
<p>
<a>The Dormouse's story</a>
</p>
</div>
"""
from bs4 import BeautifulSoup
soup = BeautifulSoup(html_doc,'lxml')
div_tag = soup.div
print("获取直接子节点")
print(div_tag.contents)
print("获取子孙节点")
for child in div_tag.children:
    print(child)
```

结果如图 3-29 所示。

```
获取直接子节点
["\nThe Dormouse's story\n", <p>
<a>The Dormouse's story</a>
</p>, '\n', <div>
</div>]
获取子孙节点

The Dormouse's story

<p>
<a>The Dormouse's story</a>
</p>


<div>
</div>
```

图 3-29　子节点

2) 父节点选择器

包含当前节点的节点称之为当前节点的父节点，父节点与子节点存在包含与被包含的关系，Tag 对象和字符串对象都被包含在父节点当中的，通过 parent 和 parents 属性可以获取当前节点的父节点。属性如表 3-8 所示。

表 3-8　父节点选择器

属　性	说　明
parent	获取节点的父节点
parents	获取节点的祖先节点

例如，创建一个 HTML 结构的字符串传入 Beautiful Soup 创建对象，通过嵌套选择获取 a 标签，然后通过调用 parent 属性获取 a 标签的父级节点，代码如下所示。

```
html_doc = """
<div>
<p>
<a>The Dormouse's story</a>
</p>
<div>"""
from bs4 import BeautifulSoup
soup = BeautifulSoup(html_doc,'lxml')
a_parent = soup.div.a.parent
a_parent
```

结果如图 3-30 所示。

```
<p>
<a>The Dormouse's story</a>
</p>
```

图 3-30　parent 属性

除了使用 parent 属性获取父节点，还可以使用 parents 获取父节点。与 parent 不同的是，parents 可以像 children 属性一样使用 for 循环遍历，获取 a 标签后调用 parents 属性，使用 for 循环进行输出，代码如下所示。

```
from bs4 import BeautifulSoup
soup = BeautifulSoup(html_doc,'lxml')
a_parents = soup.div.a.parents
for parent in a_parents:
    print(parent)
```

结果如图 3-31 所示。

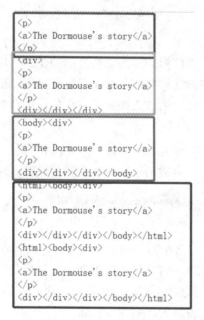

图 3-31　parents 属性

3) 兄弟节点

如果两个节点有一个共同的父节点，那它们就是兄弟节点，可以使用 next_sibling 属性和 previous_sibling 属性获取兄弟节点。属性如表 3-9 所示。

表 3-9　兄弟节点选择器

属　　性	说　　明
next_sibling	获取节点下一个兄弟节点
previous_sibling	获取节点上一个兄弟节点

　　例如，创建一个 HTML 结构的字符串传入 Beautiful Soup 创建对象，然后获取 a 标签，并使用兄弟节点选择器选择 next_sibling 获取下一个兄弟节点，使用 previous_sibling 获取上一个兄弟节点，代码如下所示。

```
html_doc = """<div><p>p 标签</p><a>a 标签</a><b>b 标签</b><div>"""
from bs4 import BeautifulSoup
soup = BeautifulSoup(html_doc,'lxml')
a = soup.div.a
print(a.next_sibling)
print(a.previous_sibling)
print(a.previous_sibling.previous_sibling)
```

结果如图 3-32 所示。

```
<b>b标签</b>
<p>p标签</p>
None
```

图 3-32　兄弟节点

3. 方法选择器

　　方法选择器常用于搜索文档树，因为文档是结构化的，使用正确的方法搜索文档树能提高搜索的效率。常见的搜索文档树的方法选择器有 find_all()和 find()方法，掌握这两种方法的使用可以实现大多数情况的节点搜索，它们的使用和参数控制如下所示。

　　1) find_all()的使用

　　find_all()方法可以搜索当前 Tag 的所有子节点，并判断这些子节点是否符合过滤器的条件，返回结果为列表类型，常被用于获取大型网页结构。find_all()的语法如下所示。

```
find_all( name , attrs , recursive , string , **kwargs )
```

参数说明如下所示。

　　(1) name：可以查找所有名字为 name 的 Tag，自动忽略字符串对象。

　　(2) attrs：指定名字的属性，可以使用的参数值包括字符串、正则表达式、列表、True。

　　(3) string：string 参数可以搜文档中的字符串内容，与 name 参数的可选值一样，string 参数可以接受字符串、正则表达式、列表、True。

　　(4) recursive：调用 Tag 的 find_all()方法时，Beautiful Soup 会检索当前 Tag 的所有子孙节点，如果只想搜索 Tag 的直接子节点，可以使用参数 recursive=False。

　　(5) **kwargs：表示传递可变长度的其他参数，比如 limit。

　　下面通过一个简单示例的使用，理解和掌握常见 find_all 参数的使用。例如，创建一个 HTML 结构的文档，并传入 BeautifulSoup 构造器生成 BeautifulSoup 对象，代码如下所示。

```
html_doc = """
<html><head><title>The Dormouse's story</title></head>
```

```
<body>
<p class="title"><b>The Dormouse's story</b></p>
<p class="story">Once upon a time there were three little sisters; and their names were
<a href="http://example.com/elsie" class="sister" id="link1">Elsie</a>,
<a href="http://example.com/lacie" class="sister" id="link2">Lacie</a> and
<a href="http://example.com/tillie" class="sister" id="link3">Tillie</a>;
and they lived at the bottom of a well.</p>
<p class="story">...</p>
"""
from bs4 import BeautifulSoup
soup = BeautifulSoup(html_doc, 'html.parser')
```

通过 name 参数获取名称为 title 的节点，代码如下所示。

```
soup.find_all("title")
```

结果如图 3-33 所示。

```
[<title>The Dormouse's story</title>]
```

图 3-33 name 参数

通过 attrs 属性参数获取 id 为 link2 的元素，代码如下所示。

```
soup.find_all(id='link2')
```

结果如图 3-34 所示。

```
[<a class="sister" href="http://example.com/lacie" id="link2">Lacie</a>]
```

图 3-34 attrs 属性参数

通过 string 参数可以对文档中的内容匹配，在文档中搜索 Elsie，代码如下所示。

```
soup.find_all(string="Elsie")
```

结果如图 3-35 所示。

```
In [4]: soup.find_all(string="Elsie")
Out[4]: ['Elsie']
```

图 3-35 string 参数的使用

Recursive 参数在使用时，可通过令其结果等于 True 或者 False 等值来控制是否获取子孙节点，获取 body 元素的孙子节点，代码如下所示。

```
soup.html.find_all("body",recursive = True)
```

结果如图 3-36 所示。

```
[<body>
<p class="title"><b>The Dormouse's story</b></p>
<p class="story">Once upon a time there were three little sisters; and their names were
<a class="sister" href="http://example.com/elsie" id="link1">Elsie</a>,
<a class="sister" href="http://example.com/lacie" id="link2">Lacie</a> and
<a class="sister" href="http://example.com/tillie" id="link3">Tillie</a>;
and they lived at the bottom of a well. </p>
<p class="story">...</p>
</body>]
```

图 3-36　Recursive 参数的使用

2) find()方法

find()方法与 find_all 方法的区别在于，find_all()方法的返回结果是值(包含一个元素的列表)，而 find()方法直接返回结果；find_all()方法没有找到目标时返回空列表，find()方法找不到目标时，返回 None；find()与 find_all()其余特点基本相似，find()支持 find_all()当中的各种参数，如下所示的获取一项内容的代码是等效的。

```
soup.find_all('title', limit=1)
soup.find('title')
```

4. CSS 选择器

CSS 选择器是指 Beautiful Soup 使用 CSS 选择器选取内容和节点。CSS 选择器选择提取内容，使用时只需调用 select()方法，传入常规的 CSS 选择器就可以实现节点的获取，代码如下所示。

```
html_doc = """
<html><head><title>The Dormouse's story</title></head>
<body>
<p class="title"><b>The Dormouse's story</b></p>
<p class="story">Once upon a time there were three little sisters; and their names were
<a href="http://example.com/elsie" class="sister" id="link1">Elsie</a>,
<a href="http://example.com/lacie" class="sister" id="link2">Lacie</a> and
<a href="http://example.com/tillie" class="sister" id="link3">Tillie</a>;
and they lived at the bottom of a well.</p>
<p class="story">...</p>
"""
from bs4 import BeautifulSoup
soup = BeautifulSoup(html_doc, 'html.parser')
```

例如，通过传入字符串元素名获取节点，获取 title 元素，代码如下所示。

```
soup.select("title")
```

结果如图 3-37 所示。

```
[<title>The Dormouse's story</title>]
```

图 3-37　节点名称获取

例如，通过 Tag 标签逐级查找元素，获取 body 元素当中的 a 标签，代码如下所示。

```
soup.select("body a")
```

结果如图 3-38 所示。

```
[<a class="sister" href="http://example.com/elsie" id="link1">Elsie</a>,
 <a class="sister" href="http://example.com/lacie" id="link2">Lacie</a>,
 <a class="sister" href="http://example.com/tillie" id="link3">Tillie</a>]
```

图 3-38　逐级查找元素

还可以通过进行嵌套获取，例如获取 p 标签下 id 为 link1 的元素，代码如下所示。

```
soup.select("p > #link1")
```

结果如图 3-39 所示。

```
[<a class="sister" href="http://example.com/elsie" id="link1">Elsie</a>]
```

图 3-39　嵌套查询节点

【任务实施】

第一步：打开 Jupyter notebook，创建一个 Python 3 的文件，并导入相关的包，代码如下所示。

```
import requests
from bs4 import BeautifulSoup
import time
```

结果如图 3-40 所示。

图 3-40　引入依赖文件

第二步：定义主函数。在主函数中定义数据请求头，并使用 for 循环访问，处理每一页的内容，代码如下所示。

```
if __name__ == '__main__':
    print("**************开始古诗文网站爬虫*****************")
    ua = {'User-Agent':'User-Agent:Mozilla/5.0 (Windows NT 6.1; rv:2.0.1) Gecko/20100101 Firefox/4.0.1'}

    for i in range(1,6):
```

```
        url = 'https://so.gushiwen.org/mingju/default.aspx?p=%d&c=&t='%(i)
        time.sleep(1)
        # 请求页面的方法
        html = page_def(url,ua)
        # 解析网页的方法，使用 beautiful soup 解析在这里实现
        info_list = info_def(html)
        # 将内容写入文件
        txt_def(info_list)
        #print(info_list)
        #开始处理子网页
        print("开始解析第%d"%(i)+"页")
        #开始解析名句子网页
        sub_html = request_sub_page(info_list)
        poem_list = sub_page_def(sub_html)
        # 保存子网页的内容
        sub_page_save(poem_list)
    print("***************爬取完成*********************")
```

第三步：请求页面内容。使用 requests.get()的方法获取网页内容，进行转码后将内容返回，代码如下所示。

```
#函数 1：请求网页
def page_def(url,ua):
    resp = requests.get(url,headers = ua)
    html = resp.content.decode('utf-8')
    return html
```

第四步：解析网页。使用 Beautiful Soup 创建解析器和 CSS 选择器获取节点的内容，并将当中的链接信息保存，代码如下所示。

```
#函数 2：解析网页
def info_def(html):
    soup = BeautifulSoup(html,'html.parser') #html.parser 为解析器
    title = soup('title')
    #soup.find('标签名') --直接是值
    #soup.find_all('标签名') --列表

    sentence = soup.select('div.left > div.sons > div.cont > a:nth-of-type(1) ')
    #提取出来的 tag 组成了一个列表，即 sentence 是一个列表，它里面有 50 个 tag 数据
    poet = soup.select('div.left > div.sons > div.cont > a:nth-of-type(2) ')
    sentence_list=[]
```

```
href_list=[]
for i in range(len(sentence)):
    temp = sentence[i].get_text()+ "---"+poet[i].get_text()
    sentence_list.append(temp)
    href = sentence[i].get('href')
    href_list.append("https://so.gushiwen.org"+href)
return [href_list,sentence_list]
```

第五步：实现写入文本。将解析获取的文件写入到桌面的"sentence.txt"文件当中，代码如下所示。

```
#函数3：写入文本文件
def txt_def(info_list):
    import json
    with open(r'C:\Users\Y\Desktop\sentence.txt','a',encoding='utf-8') as df:
        for one in info_list[1]:
            df.write(json.dumps(one,ensure_ascii=False)+'\n\n')
```

第六步：子网页处理。使用同样的方法对子网页进行处理，爬取诗句的内容，代码如下所示。

```
#子网页处理函数：进入并解析子网页/请求子网页
def request_sub_page(info_list):
    subpage_urls = info_list[0]
    #print(subpage_urls)
    ua = {'User-Agent':'User-Agent:Mozilla/5.0 (Windows NT 6.1; rv:2.0.1) Gecko/20100101 Firefox/4.0.1'}
    sub_html = []
    for url in subpage_urls:
        html = page_def(url,ua)
        sub_html.append(html)
    return sub_html


#子网页处理函数：解析子网页，爬取诗句内容
def sub_page_def(sub_html):
    poem_list=[]
    for html in sub_html:
        soup = BeautifulSoup(html,'html.parser')
        poem = soup.select('div.left > div.sons > div.cont > div.contson')
        poem = poem[0].get_text()
        poem_list.append(poem.strip())
```

```
        return poem_list

    # 子网页处理函数：保存诗句到 txt
    def sub_page_save(poem_list):
        import json
        with open(r'C:\Users\Y\Desktop\poems.txt','a',encoding='utf-8') as df:
            for one in poem_list:
                df.write(json.dumps(one,ensure_ascii=False)+'\n\n')
```

第七步：运行文件。在控制台出现如图 3-41 所示内容即为爬取成功。

```
**************开始古诗文网站爬虫********************
开始解析第1页
开始解析第2页
开始解析第3页
开始解析第4页
开始解析第5页
****************爬取完成**********************
```

图 3-41　爬取成功

打开桌面的 sentence.txt 文件和 poems.txt 文件，结果如图 3-42 和图 3-43 所示。

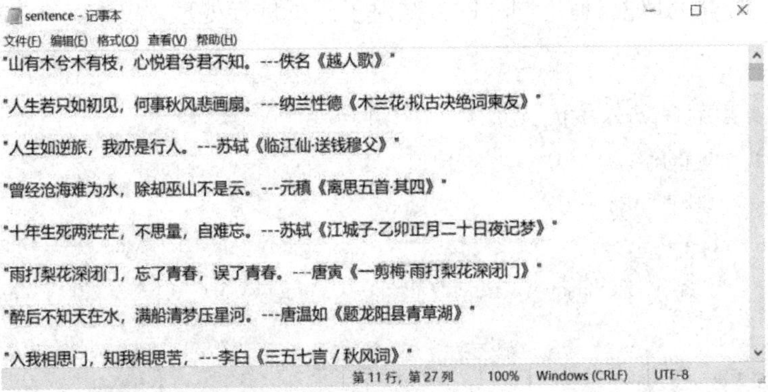
sentence - 记事本
文件(F) 编辑(E) 格式(O) 查看(V) 帮助(H)
"山有木兮木有枝，心悦君兮君不知。---佚名《越人歌》"

"人生若只如初见，何事秋风悲画扇。---纳兰性德《木兰花·拟古决绝词柬友》"

"人生如逆旅，我亦是行人。---苏轼《临江仙·送钱穆父》"

"曾经沧海难为水，除却巫山不是云。---元稹《离思五首·其四》"

"十年生死两茫茫，不思量，自难忘。---苏轼《江城子·乙卯正月二十日夜记梦》"

"雨打梨花深闭门，忘了青春，误了青春。---唐寅《一剪梅·雨打梨花深闭门》"

"醉后不知天在水，满船清梦压星河。---唐温如《题龙阳县青草湖》"

"入我相思门，知我相思苦，---李白《三五七言 / 秋风词》"

第 11 行，第 27 列　100%　Windows (CRLF)　UTF-8

图 3-42　sentence.txt 文件

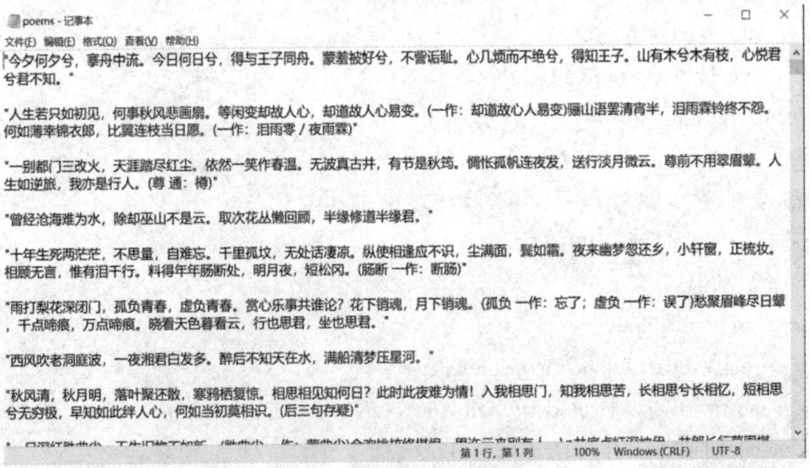
poems - 记事本
文件(F) 编辑(E) 格式(O) 查看(V) 帮助(H)
"今夕何夕兮，搴舟中流。今日何日兮，得与王子同舟。蒙羞被好兮，不訾诟耻。心几烦而不绝兮，得知王子。山有木兮木有枝，心悦君兮君不知。"

"人生若只如初见，何事秋风悲画扇。等闲变却故人心，却道故人心易变。(一作：却道故心人易变)骊山语罢清宵半，泪雨霖铃终不怨。何如薄幸锦衣郎，比翼连枝当日愿。(一作：泪雨零 / 夜雨霖)"

"一别都门三改火，天涯踏尽红尘。依然一笑作春温。无波真古井，有节是秋筠。惆怅孤帆连夜发，送行淡月微云。尊前不用翠眉颦。人生如逆旅，我亦是行人。(尊 通：樽)"

"曾经沧海难为水，除却巫山不是云。取次花丛懒回顾，半缘修道半缘君。"

"十年生死两茫茫，不思量，自难忘。千里孤坟，无处话凄凉。纵使相逢应不识，尘满面，鬓如霜。夜来幽梦忽还乡，小轩窗，正梳妆。相顾无言，惟有泪千行。料得年年肠断处，明月夜，短松冈。(肠断 一作：断肠)"

"雨打梨花深闭门，孤负青春，虚负青春。赏心乐事共谁论？花下销魂，月下销魂。(孤负 一作：忘了；虚负 一作：误了)愁聚眉峰尽日颦，千点啼痕，万点啼痕。晓看天色暮看云，行也思君，坐也思君。"

"西风吹老洞庭波，一夜湘君白发多。醉后不知天在水，满船清梦压星河。"

"秋风清，秋月明，落叶聚还散，寒鸦栖复惊。相思相见知何日？此时此夜难为情！入我相思门，知我相思苦，长相思兮长相忆，短相思兮无穷极，早知如此绊人心，何如当初莫相识。(后三句存疑)"

第 1 行，第 1 列　100%　Windows (CRLF)　UTF-8

图 3-43　poems.txt 文件

本次任务就是实现了古诗文网站数据的爬取，爬取之后使用 Beautiful Soup 解析数据，并保存成文本的形式。

小　　结

通过对本单元的学习，了解了数据采集的相关操作，掌握数据采集的常用库 Requests 的使用，掌握爬虫爬取数据的基本过程，以及通过 Beautiful Soup 实现数据处理的方法。

总 体 评 价

通过学习本任务，看自己是否掌握了以下技能，在技能检测表中标出已掌握的技能。

评价标准	个人评价	小组评价	教师评价
(1) 是否了解数据采集的方法			
(2) 是否了解爬虫的基本过程			
(3) 是否掌握 Requests 库的基本使用			
(4) 是否掌握 Beautiful Soup 的使用			

注：A 表示能做到；B 表示基本能做到；C 表示部分能做到；D 表示基本做不到。

课 后 习 题

一、选择题

(1) 在 Internet 网中，域名的正确形式是(　　)。

A. www\pku\edu\cn

B. ftp@uestc@com

C. http://www.wendangku.net/doc/44cc1b11376baf1ffc4fad2f.html

D. mic/edu/com/cn

(2) 网络爬虫按照系统结构和实现技术，大致可以分为(　　)种。

A. 1　　　　　　B. 2　　　　　　C. 3　　　　　　D. 4

(3) CSS 选择器不包括(　　)。

A. 类选择器　　B. 子选择器　　C. 父选择器　　D. 后代选择器

(4) Requests 除了可以携带请求参数以外，还可以自定义请求的请求头，以下选项中不可能出现在请求头当中的是(　　)。

A. 数据类型(Content-Type)

B. 时间(Date)

C. 跨域资源访问(Access-Control-Allow-Origin)

D. 内容大小(content-length)

(5) 创建一个位于文档内部位置的链接的代码是(　　　)。

A. <a href="#NAME"></a>

B. <a name="NAME"></a>

C. <a href="mailtEMAIL"></a>

D. <a href="URL"></a>

二、简答题

(1) 简述 requests 爬取数据的过程，并说明每个过程的步骤。

(2) 请列举常用的 BeautifulSoup 选择器(不少于三种)，并简述各自是如何工作的。

学习单元四 XPath 和 re 内容解析

项目概述

在 Python 中,使用第三方库进行页面访问并获取页面内容后,还需通过相关的内容解析工具提取数据。目前,Python 常用的内容解析工具除了 Beautiful Soup,还有 re 和 XPath。其中,re 模块是 Python 的一个内置模块,可以提供多个正则表达式应用方法,实现字符串的查询、替换、分割等;XPath 是一种在 XML 文档中查找信息的语言,同样适用于 HTML 文档的搜索,可以在爬取网页数据时抽取相应的信息。本项目将通过对 re 模块和 XPath 模块相关内容的讲解,实现网页数据的提取。

思维导图

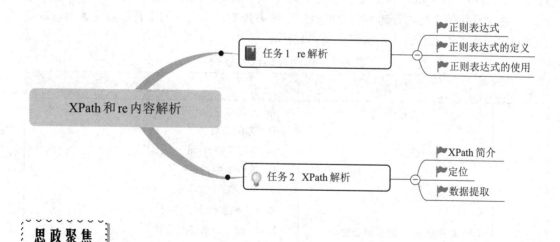

思政聚焦

在数据采集的爬虫技术阶段,应用爬虫技术必须按照一定标准制作程序流程脚本,自动请求互联网网站并获取数据网络(仅用于发布)。但是,如果该应用程序不符合标准,则存在违反法规的风险。例如,不遵循爬虫协议,以敏感的长宽比获取某些信息内容以及利用商业活动赚钱,违反纪律。

网络爬虫技术是一把双刃剑,只有正确使用,才能发挥其更大的作用,这就要求使用者应具有正确的价值观,不会因为非法利益而从事违法犯罪活动。

学习任务

任务 1　re 解　析

【任务描述】

正则表达式主要用于文本数据，用来检索、替换符合某个规则的文本。本任务将使用 re 模块应用的正则表达式实现内容的解析，主要内容如下：

(1) 抓取页面；

(2) 内容截取；

(3) 数据提取。

【知识准备】

一、正则表达式概述

正则表达式主要用于对字符串进行过滤，受到大多数程序设计语言(如 C、C++、Python、Java 等)的支持。在 Python 中，正则表达式对字符串的逻辑操作包含在 re 模块中，能够通过一个由"元字符"与"普通字符"组成的字符串规则，从已知的字符串或文本中选取符合规则的内容。正则表达式元字符如表 4-1 所示。

表 4-1　正则表达式元字符

元字符	描　述	正则表达式
\	转义字符，将后边紧跟着的字符变成特殊字符，或将后边的特殊字符变成普通字符	\d：匹配数字(0～9) \D：匹配非数字 \s：匹配空白符\tab \S：匹配非空白符 \w：匹配数字、字母、下画线 \W：匹配非数字、字母、下画线 \b：匹配一个单词的边界 \B：匹配非单词边界 \A：仅匹配字符串的开头 \Z：仅匹配字符串的末尾 \f：匹配换页符 \n：匹配换行符 \r：匹配回车符 \t：匹配制表符 \\.：匹配.

续表

元字符	描　述	正则表达式
()	匹配分组	(ab)：将括号中的字符作为一个分组 (?P<name>)：分组起别名 (?P=name)：引用别名为 name 的分组匹配到的字符串
[]	匹配[]中列举的字符	[xyz]：匹配所包含的任意一个字符 [^xyz]：匹配未包含的任意字符 [0-9]：匹配任何数字 [a-z]：匹配任何小写字母 [A-Z]：匹配任何大写字母 [a-zA-Z0-9]：匹配任何字母及数字 [\u4e00-\u9fa5]：匹配汉字
*	匹配前边的子表达式 0 次或多次	a*：匹配 0 次或多次 a
+	匹配前边的子表达式 1 次或多次	a+：匹配 1 次或多次 a
?	匹配前边的子表达式 0 次或 1 次	a?：匹配 0 次或 1 次 a
{}	匹配前边的子表达式次数	{n}：匹配前边的子表达式 n 次 {n,}：匹配前边的子表达式至少 n 次 {n,m}：匹配前边的子表达式 n~m 次
^	匹配字符串开头	^abc：匹配开头为 abc 的字符串
$	匹配字符串结尾	abc$：匹配结尾为 abc 的字符串
.	匹配除换行符\n 之外的任何字符	.*：匹配除换行符\n 之外的任何字符 0 次或多次
|	或	x|y：匹配 x 或 y

其中，在组成正则表达式的字符中，默认情况下元字符按由左至右的顺序执行，但不同的字符在正则表达式中发生的作用有先后之分，元字符优先级为由上至下(见表 4-1)。表 4-2 所示为一些常用的正则表达式。

表 4-2　常用的正则表达式

表　达　式	描　　述
^\w+([-+.]\w+)*@\w+([-.]\w+)*\.\w+([-.]\w+)*$	Email 地址
[a-zA-Z0-9][-a-zA-Z0-9]{0,62}(/.[a-zA-Z0-9][-a-zA-Z0-9]{0,62})+/.?	域名
^(13[0-9]|14[5|7]|15[0|1|2|3|5|6|7|8|9]|18[0|1|2|3|5|6|7|8|9])\d{8}$	手机号码
\d{3}-\d{8}|\d{4}-\d{7}	国内电话号码
^\d{15}|\d{18}$	身份证号码

表 达 式	描 述
^[a-zA-Z][a-zA-Z0-9_]{4,15}$	账号是否合法(以字母开头，允许 5~16 字节，允许用字母、数字、下画线)
^[a-zA-Z]\w{5,17}$	密码(以字母开头，长度在 6~18 之间，只能包含字母、数字和下画线)
^(?=.*\d)(?=.*[a-z])(?=.*[A-Z]).{8,10}$	强密码(必须包含大小写字母和数字的组合，不能使用特殊字符，长度在 8~10 之间)
^\d{4}-\d{1,2}-\d{1,2}	日期格式
^\s*|\s*$ (^\s*)|(\s*$)	首尾空白字符
[1-9]\d{5}(?!\d)	中国邮政编码
\d+\.\d+\.\d+\.\d+	IP 地址

二、正则表达式的定义

在 re 模块中，正则表达式在发挥作用之前，需要被定义。默认定义正则表达式有两种方式：一种是直接定义，只需在 re 模块提供的相关方法中，直接使用由"元字符"与"普通字符"组成的字符串规则利用 re 模块进行解释性地匹配。语法格式如下所示。

```
r=r'正则表达式'
```

另一种方式是通过 re 模块提供的 compile()函数，将正则表达式字符串预编译成 Pattern 对象。与直接定义的方式相比，每次转换正则表达式，compile()函数只进行一次正则表达式对象的转换，之后不需转换即可直接使用该对象进行匹配。语法格式如下所示。

```
import re
r=re.compile(pattern,flags)
```

其中，Pattern 表示正则表达式字符串；flags 用于设置匹配模式，如忽略大小写匹配、多行模式匹配等。需要注意的是，flags 可以接受多个参数值，即可以设置多个匹配模式，参数值之间通过符号"|"连接。flags 的常用参数值如表 4-3 所示。

表 4-3　flags 的常用参数值

参数值	描 述
re.I	忽略大小写的匹配模式
re.M	多行模式，改变^和$的行为
re.S	字符"."不受限制，表示可以匹配包括换行符的任意字符
re.U	使预定字符\w、\W、\b、\B、\s、\S、\d、\D 等取决于 unicode 定义的字符属性
re.X	冗余模式，正则表达式可以是多行，忽略空白字符，并可以加入#号进行注释

在使用 compile()函数生成正则表达式后，结果会以 Pattern 对象的形式返回，这个对象是一个编译后的正则表达式，编译后不仅能够复用和提升效率，也能够通过相关属性获得正则表达式的多个信息。Pattern 对象的常用属性如表 4-4 所示。

表 4-4　Pattern 对象的常用属性

属　　性	描　　述
flags	编译时指定的模式，数字形式，其中： re.I：34； re.M：40； re.S：48； re.U：32； re.X：96
groups	正则表达式中分组的数量
pattern	编译时用的正则表达式

下面使用 compile()函数构造用于匹配身份证号码的正则表达式，并进行 Pattern 对象包含信息的查看，代码如下所示。

```
import re
r=re.compile(r'(\w+) (\w+)(.*?)')
# SRE_Pattern 对象
print('Pattern:',r)
# 匹配模式
print('flags:',r.flags)
# 分组数量
print('groups:',r.groups)
# 正则表达式
print('pattern:',r.pattern)
```

结果如图 4-1 所示。

```
Pattern: re.compile('(\\w+) (\\w+)(.*?)')
flags: 32
groups: 3
pattern: (\w+) (\w+)(.*?)
```

图 4-1　Pattern 对象信息的查看

三、正则表达式的使用

在 Python 中，re 模块提供了多个应用正则表达式操作字符串的方法，如字符串的查询、替换、分割等。常用的正则表达式应用方法如表 4-5 所示。

表 4-5　正则表达式应用方法

方　法	描　　述
match()	从起始位置匹配字符串
search()	匹配整个字符串，查找符合匹配的第一个字符串
findall()	查找符合匹配的全部字符串，以列表的形式返回
finditer()	查找符合匹配的全部字符串，以迭代器的形式返回
split()	根据符合匹配的字符串进行分割
sub()	替换符合匹配的字符串

1. match()

在 re 模块中，match()方法可以从字符串的指定位置查找符合正则表达式的内容，也就是说，从起始位置就必须符合正则表达式的内容。如果匹配成功，则返回一个 Match 对象；如果匹配失败，则返回 None。由于正则表达式的定义有两种方式，因此，match()方法在使用时同样有两种方法，语法格式如下所示。

```
import re
# 方法一：直接使用正则表达式
re.match(pattern,string,flags)
# 方法二：使用正则表达式对象
r=re.compile(pattern,flags)
r.match(string,pos,endpos)
```

参数说明如表 4-6 所示。

表 4-6　match()方法参数

参　数　值	描　　述
pattern	正则表达式
string	待匹配字符串
flags	匹配模式
pos	起始位置
endpos	结束位置

match()方法在直接使用正则表达式时，会从字符串的首字母进行匹配；而使用正则表达式对象时，则可以指定起始位置、结束位置进行匹配。在匹配完成后，返回 Match 对象，这个对象只包含一次正则匹配的结果，可以通过相关属性或方法获取 match()包含的信息。Match 对象的常用属性和方法如表 4-7 所示。

表 4-7　Match 对象的常用属性和方法

属性和方法	描　　述
string	获取待匹配字符串
re	获取正则表达式
pos	获取匹配的起始位置
endpos	获取匹配的结束位置
group()	获得一个或多个分组截获的字符串，参数为分组的索引，多个参数通过逗号 ","连接。当指定多个参数时，将结果以元组的形式返回；当不指定参数时，则获取整个字符串；当指定一个参数时，则获取该分组的字符串
groups()	获取分组截获的所有字符串，并以元组的形式返回
start()	接受分组索引，获取该索引包含字符串在原字符串的起始位置
end()	接受分组索引，获取该索引包含字符串在原字符串的结束位置
span()	接受分组索引，获取该索引包含字符串在原字符串的起始位置和结束位置，并以元组形式返回
expand()	对分组内容进行处理，如格式变换等。其中，\1 表示第一个分组内容，\2 表示第二个分组内容，依次类推

例如，使用 match()方法通过正则表达式从字符串 "-hello world!" 中匹配字符串 "hello world!"，并查看 Match 对象包含的信息，代码如下所示。

```
import re
# 直接使用正则表达式从头开始匹配
m=re.match(r'(\w+) (\w+)(.*?)','-hello world!')
# 第一个字符为 "-"，不符合数字、字母、下画线，因此返回 None
print("m：",m)
# 使用正则表达式对象，从第二个字符开始匹配
r=re.compile(r'(\w+) (\w+)(.*)')
m1=r.match('-hello world!',pos=1)
print("m1：",m1)
# 获取原字符串
print("string：",m1.string)
# 获取正则表达式
print("re：",m1.re)
# 获取起始位置
print("pos：",m1.pos)
# 获取结束位置
print("endpos：",m1.endpos)
# 获取第一个和第二个分组字符串
```

```
print("group()： ",m1.group(1,2))
# 获取全部分组字符串
print("groups()： ",m1.groups())
# 获取第一个分组字符串的起始位置
print("start()： ",m1.start(1) )
# 获取第一个分组字符串的结束位置
print("end()： ",m1.end(1) )
# 获取第一个分组字符串的起始位置和结束位置
print("span()： ",m1.span(1) )
# 对分组字符串进行处理
print("expand()： ",m1.expand(r'\1 \2\3'))
```

结果如图 4-2 所示。

```
m:   None
m1:  <re.Match object; span=(1, 13), match
='hello world!'>
string:  -hello world!
re:  re.compile('(\\w+) (\\w+)(.*)')
pos:  1
endpos:  13
group():  ('hello', 'world')
groups():  ('hello', 'world', '!')
start():  1
end():  6
span():  (1, 6)
expand():  hello world!
```

图 4-2　match()的使用

2. search()

search()方法从指定位置开始查找符合正则表达式的第一个内容,直到末尾,如果找到,则返回一个包含内容的 Match 对象,否则返回 None。search()方法与 match()方法的使用方法基本相同。语法格式如下所示。

```
import re
re.search(pattern,string,flags)
# 从指定位置开始匹配
r=re.compile(pattern,flags)
r.search(string,pos,endpos)
```

另外，search()方法在直接使用正则表达式时，同样会从首字母开始；在使用正则表达式对象时，会从指定位置开始。

例如，使用 search()方法通过正则表达式从字符串"hello world!,Hi world!"中匹配字符串"hello world"或"Hi world"，并查看 Match 对象包含的信息，代码如下所示。

```
import re
# 直接使用正则表达式从头进行查找
m=re.search(r'(\w+) (\w+)','hello world!,Hi world!')
print("m：",m)
# 获取全部分组字符串
print("m_groups：",m.groups())
# 使用正则表达式对象，从第二个字符开始匹配
r=re.compile(r'(\w+) (\w+)')
m1=r.search('hello world!,Hi world!',pos=8)
print("m1：",m1)
# 获取全部分组字符串
print("m1_groups：",m1.groups())
```

结果如图 4-3 所示。

```
m:  <re.Match object; span=(0, 11), match='h
ello world'>
m_groups:  ('hello', 'world')
m1:  <re.Match object; span=(13, 21), match
='Hi world'>
m1_groups:  ('Hi', 'world')
```

图 4-3 search()的使用

3. findall()和 finditer()

与 match()方法和 search()方法相比，findall()方法和 finditer()方法是从字符串中查找符合正则表达式的所有内容。其中，findall()方法将匹配结果以列表形式返回，而finditer()方法将匹配结果以迭代器形式返回，并且迭代器中包含了多个 Match 对象。另外，在使用方式上，findall()方法和 finditer()方法也与 match()和 search()方法类似。代码如下所示。

```
import re
re.findall/finditer(pattern,string,flags)
# 从指定位置开始匹配
r=re.compile(pattern,flags)
r.findall/finditer(string,pos,endpos)
```

例如，分别使用 findall()和 finditer()方法通过正则表达式从字符串"hello world!,Hi world!"中匹配字符串"hello world"和"Hi world"，代码如下所示。

```
import re
# 使用 findall 方法查找字符串
m=re.findall(r'(\w+) (\w+)','hello world!,Hi world!')
print("findall：")
# 遍历列表
for context in m:
    print(context)
# 使用 finditer 方法查找字符串
r=re.compile(r'(\w+) (\w+)')
m1=r.finditer('hello world!,Hi world!')
print("finditer：")
# 遍历迭代器
for context in m1:
    # 获取 Match 对象包含的所有分组内容
    print(context.groups())
```

结果如图 4-4 所示。

```
findall:
('hello', 'world')
('Hi', 'world')
finditer:
('hello', 'world')
('Hi', 'world')
```

图 4-4　findall()和 finditer()方法使用

4．split()

在 re 模块中，split()方法用于实现分割操作，将符合正则表达式匹配的内容作为分隔符进行字符串的分割，并将分割后的内容以列表的形式返回。split()方法代码如下所示。

```
import re
# 方法一：直接使用正则表达式
re.split(pattern,string,maxsplit)
# 方法二：使用正则表达式对象
r=re.compile(pattern,flags)
r.split(string,maxsplit)
```

参数说明如表 4-8 所示。

表 4-8 split()方法参数

参数值	描 述
pattern	正则表达式
string	待匹配字符串
maxsplit	最大分割次数，不指定将全部分割
flags	匹配模式

例如，使用 split()方法通过正则表达式从字符串"2021-08-13"中匹配字符"-"，并根据该字符进行字符串的分割，代码如下所示。

```
import re
# 创建正则表达式对象
r=re.compile(r'-')
m=r.split('2021-08-13')
print(m)
```

结果如图 4-5 所示。

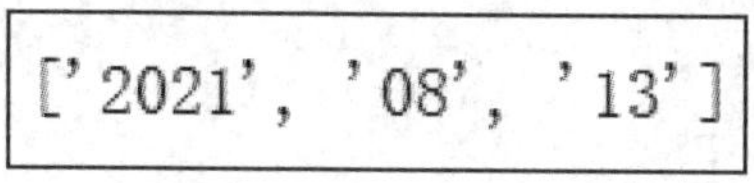

```
['2021', '08', '13']
```

图 4-5 split()使用

5. sub()

sub()方法用于实现替换操作，将符合正则表达式匹配的内容作为被替换内容进行字符串的替换操作，并将替换后的字符串返回。sub()方法代码如下所示。

```
import re
# 方法一：直接使用正则表达式
re.sub(pattern,repl,string,count)
# 方法二：使用正则表达式对象
r=re.compile(pattern,flags)
r.sub(repl,string,count)
```

参数说明如表 4-9 所示。

表 4-9 sub()方法参数

参数值	描 述
pattern	正则表达式
repl	替换内容，可以是字符串或方法。当值为字符串时，可以通过\n 引用分组；当值为方法时，该方法只接受一个 Match 对象的参数，并返回一个字符串用于替换
string	待匹配字符串
count	最大替换次数，不指定时全部替换
flags	匹配模式

例如，分别使用字符串和方法实现替换操作，通过正则表达式从字符串"2021-08-13"中匹配字符"-"，并替换该字符为"/"，代码如下所示。

```python
import re
# 直接使用字符串进行替换
r=re.compile(r'-')
m=r.sub('/','2021-08-13')
print('m：\n',m)
# 使用字符串并引用分组进行替换
r=re.compile(r'(\d+)-(\d+)-(\d+)')
m1=r.sub(r'\1/\2/\3','2021-08-13')
print('m1：\n',m1)
# 使用方法进行替换
def func(a):
    # 返回的替换内容
    print('a：\n',a)
    # a 包含的所有分组
    print('a_groups：\n',a.groups())
    # 获取每个分组内容并处理
    return a.group(1) +'/'+a.group(2) +'/'+a.group(3)
# 替换所有符合的字符串
m2=re.sub(r'(\d+)-(\d+)-(\d+)',func,'2021-08-13')
print('m2：\n',m2)
```

结果如图 4-6 所示。

```
m:
 2021/08/13
m1:
 2021/08/13
a:
 <re.Match object; span=(0, 10), match='2021-08-
13'>
a_groups:
 ('2021', '08', '13')
m2:
 2021/08/13
```

图 4-6　sub()使用

【任务实施】

通过以下几个步骤，使用 Requests 抓取页面后，通过正则表达式提取数据。

第一步：抓取页面。

导入 Requests 模块，先定义请求头和请求路径，再通过 Requests 模块的 get()方法访问页面并抓取页面内容，最后通过 text 属性查看页面内容，代码如下所示。

```
# 导入模块
import requests
# 定义请求路径
url='https://movie.douban.com/chart'
# 定义请求头
header={
    'User-Agent':'Mozilla/5.0 (Macintosh; Intel Mac OS X 10_15_0) AppleWebKit/537.36
(KHTML, like Gecko) Chrome/80.0.3987.132 Safari/537.36'
}
# 访问页面抓取内容
response=requests.get(url=url,headers=header)
# 查看页面内容
html=response.text
html
```

结果如图 4-7 所示。

图 4-7　页面抓取

第二步：内容截取。

导入 re 模块，使用 split()方法对抓取的内容进行截取，并将数据所在区域提取出来，代码如下所示。

```
import re
# 内容截取
text=html.split('<div class="indent">')
page=text[1].split('<div class="aside">')
page[0]
```

结果如图 4-8 所示。

```
'\n            \n\n\n\n\n\n<div class="">\n    <p cla
ss="ul first"></p>\n    <table width="100%" class
="">\n        <tr class="item">\n                <td
width="100" valign="top">\n                   \n\n
<a class="nbg" href="https://movie.douban.com/sub
ject/26615748/"  title="追忆迷局">\n
<img src="https://img9.doubanio.com/view/photo/s_
ratio_poster/public/p2654959196.jpg" width="75" a
lt="追忆迷局" class=""/>\n                    </a
>\n            </td>\n\n          <td valign="t
op">\n                \n\n               <div cl
ass="p12">\n\n              <a href="http
s://movie.douban.com/subject/26615748/"  class
="">\n                       追忆迷局\n
/ <span style="font-size:13px;">追忆 / 回忆</span
>\n              </a>\n\n\n\n
<p class="pl">2021-08-20(美国) / 休·杰克曼 / 丽
贝卡·弗格森 / 坦迪·牛顿 / 克利夫·柯蒂斯 / 玛丽
```

图 4-8　内容截取

第三步：数据提取。

定义正则表达式，使用 findall()方法提取电影名称、主演名称、电影评分和评价人数，代码如下所示。

```
# 获取每部电影的页面内容
tag=r'<table width="100%" class="">(.*?)</table>'
m_li=re.findall(tag,page[0],re.S | re.M)
# 遍历内容提取信息
for line in m_li:
    # 获取电影名称
```

```
tag_title=r'<a class="nbg" href=".*?"   title="(.*?)">'
title=re.findall(tag_title, line, re.S | re.M)[0]
print('电影名称：',title)
# 获取主演名称
tag_name=r'<p class="pl">(.*?)</p>'
name=re.findall(tag_name, line, re.S | re.M)[0]
print('电影简介：',name)
# 获取电影评分
tag_score=r'<span class="rating_nums">(.*?)</span>'
score=re.findall(tag_score, line, re.S | re.M)[0]
print('电影评分：',score)
# 获取评价人数
tag_person=r'<span class="pl">(.*?)</span>'
person=re.findall(tag_person, line, re.S | re.M)[0]
num=re.search(r'\d+',person).group()
print('评价人数：',num)
print('----------------------------')
```

结果如图 4-9 所示。

```
电影名称：  追忆迷局
主演名称：  2021-08-20(美国) / 休·杰克曼 / 丽贝卡·
弗格森 / 坦迪·牛顿 / 克利夫·柯蒂斯 / 玛丽娜·德·
塔维拉 / 吴彦祖 / 莫让·阿里亚 / 布莱特·卡伦 / 娜
塔丽·马丁内斯 / 安吉拉·萨拉弗安 / 山姆麦地那 / 朴
云龙 / 韩·索托 / 雷·埃尔南德斯 / 安德鲁·马希
特...
电影评分：  6.1
评价人数：  7395
----------------------------
电影名称：  南巫
主演名称：  2020-11-10(台北金马影展) / 2021-04-01(中
国台湾) / 徐世顺 / 蔡宝珠 / 吴俐璇 / 云镁鑫 / 邓壹
龄 / 马来西亚 / 张吉安 / 105分钟 / 剧情 / 惊悚 / 张
吉安 Chong Keat Aun / 闽南语 / 汉语普通话 / 马来语
/ 泰语
电影评分：  6.5
评价人数：  10928
----------------------------
电影名称：X特遣队：全员集结
主演名称：  2021-07-28(法国) / 2021-08-06(美国) / 玛
```

图 4-9　数据提取

任务 2　XPath 解析

【任务描述】

XPath 是一种在 XML、HTML 文档中查找信息的语言,能够爬取网页数据并抽取信息。本任务介绍 XPath 的使用, 主要内容如下:

(1) 抓取页面并解析;

(2) 内容查看;

(3) 信息定位;

(4) 信息提取。

【知识准备】

一、XPath 简介

XPath(XML Path Language), 即 XML 路径语言, 是一种在 XML 文档中定位信息的语言, 可以对 XML 文档中的元素和属性进行遍历。XPath 不仅用于 XML 文档的搜寻, 也适用于 HTML 等结构化文档的搜索。

XPath 拥有强大的选择功能, 提供简明的路径选择表达式, 能够实现字符串、数值、时间的匹配以及节点、序列的处理等, 所有需要定位节点的场景, 都可以使用 XPath 进行选择。

在 Python 中, XPath 包含在 lxml 库的 etree 模块下, lxml 是一个解析库, 对 HTML 和 XML 的 XPath 解析提供支持, 解析效率非常高。在使用 lxml 前, 需要在命令窗口输入"pip install lxml"命令进行下载安装 lxml, 如图 4-10 所示。

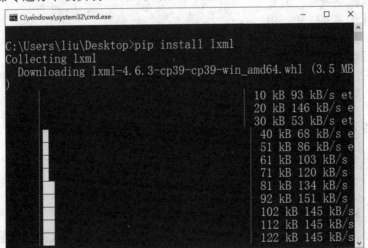

图 4-10　lxml 解析库安装

目前，etree 模块提供了多种用于解析 XML、HTML 等结构化文档的方法，如 XPath 的使用、文档结构化等。常用方法如表 4-10 所示。

表 4-10　etree 模块常用方法

方　法	描　　述
HTML()	解析 HTML 文档
XML()	解析 XML 文档
parse()	解析文件
tostring()	将节点对象转化为 byres 类型
xpath()	实现标签的定位和内容的捕获

其中，HTML()、XML()和 parse()方法是将接收包含结构化文档的内容解析成能够被 xpath() 方法进行标签的定位和内容捕获的 Element 对象。其中，HTML()方法用于解析 HTML 格式的文档，并对 HTML 文本进行修正，在使用时，只需提供需要被解析的字符串类型的 HTML 文档即可，代码如下所示。

```
from lxml import etree
etree.HTML(text,parser=None,base_url=None)
```

参数说明如表 4-11 所示。

表 4-11　HTML 方法包含参数

参　数	描　　述
text	HTML 文本，可加入后缀".text"(文本解析)和".content"(二进制解析，默认)选择解析方式
parser	解析器，参数值可选 XMLParser、XMLPullParser、HTMLParser、HTMLPullParser 等
base_url	文档的原始 URL

例如，使用 HTML()方法对 HTML 文档进行解析。代码如下所示。

```
from lxml import etree
text=etree.HTML("<p>data</p>")
print(text)
```

结果如图 4-11 所示。

```
<Element html at 0x13a0ee39cc0>
```

图 4-11　HTML 文档解析

XML()方法主要用于解析 XML 格式的文档，使用方式与 HTML()方法相同，代码如下所示。

```
from lxml import etree
etree.XML(text,parser=None,base_url=None)
```

例如，使用 XML()方法对 XML 文档进行解析，代码如下所示。

```
from lxml import etree
text=etree.XML("<root>data</root>")
print(text)
```

结果如图 4-12 所示。

<Element html at 0x13a0ebdf080>

图 4-12　XML 文档解析

parse()方法是接收本地文件，读取文件包含内容并对文档进行解析，代码如下所示。

```
from lxml import etree
etree.parse(source,parser=None,base_url=None)
```

其中，source 表示文件路径，这个文件可以是 xml、html、txt 等格式。

例如，使用 parse()方法对 HTML 文件包含的内容进行解析，HTML 文件包含内容如下所示。

```
<!DOCTYPE html>
<html lang="en">
<head>
    <meta charset="UTF-8"/>
    <title>Title</title>
</head>
<body>
<p>data</p>
</body>
</html>
```

代码如下所示。

```
from lxml import etree
text=etree.parse("text.html")
print(text)
```

结果如图 4-13 所示。

<lxml.etree._ElementTree object at 0x0000013A0ED98F00>

图 4-13　HTML 文件解析

在生成 Element 对象后，可以通过 tostring()方法将其转换成 byres 类型，为 Element 对象的查看提供支持，并且，在该方法后加入 "decode(')" 方法即可将其转为字符串类型，代码如下所示。

```
from lxml import etree
etree.tostring(Element,pretty_print=True,encoding="utf-8")
```

参数说明如表 4-12 所示。

表 4-12　tostring 方法包含参数

参　　数	描　　述
Element	Element 对象
pretty_print	格式化输出
encoding	编码格式

例如，使用 HTML()方法解析 HTML 文档后，通过 tostring()方法将其转换成 byres 类型并输出，代码如下所示。

```
from lxml import etree
text=etree.HTML("<p>data</p>")
print(etree.tostring(text))
```

结果如图 4-14 所示。

b'<html><body><p>data</p></body></html>'

图 4-14　tostring()转化 Element 对象

除 Element 对象的查看，还可以通过 xpath()对 Element 对象进行解析，并通过由符号和方法组成的路径表达式查找指定节点元素并提取所需内容，将结果以列表的形式返回，且列表中每个元素均为 Element 对象，代码如下所示。

```
from lxml import etree
etree.xpath(path,namespaces=None,extensions=None,smart_strings=True)
```

参数说明如表 4-13 所示。

表 4-13　xpath()方法包含参数

参　　数	描　　述
path	路径表达式
namespaces	名称空间
extensions	扩展
smart_strings	是否开启字符串的智能匹配

二、定位

根据使用对象的不同，XPath 有三种定位方式，分别是元素定位、属性定位和文本定位。

1. 元素定位

在 XPath 中，元素定位是指根据路径表达式寻找符合表达式节点的指定子节点(元素)，如获取所有元素、获取第一个元素等。元素定位常用符号如表 4-14 所示。

表 4-14　元素定位常用符号

符号和方法	描　　述
nodeName	选取此节点的所有节点
nodeName[n]	选取第 n 个元素
nodeName[last()]	选取最后一个元素
nodeName[last()-n]	选取倒数第 n+1 个元素
nodeName[position()<n]	选取前 n-1 个元素
/	从根节点选取
//	从匹配选择的当前节点选择文档中的节点，不考虑它们的位置
.	选择当前节点
..	选取当前节点的父节点
|	设置多个路径表达式
*	匹配任何元素节点
node()	匹配任何类型的节点

例如，定位 HTML 文档的节点，代码如下所示。

```
from lxml import etree
text="""
    <!DOCTYPE html>
    <html lang="en">
    <head>
        <meta charset="UTF-8"/>
        <title>Title</title>
    </head>
    <body>
    <div id="main">
        <p class="title">
            <b>The Dormouse's story</b>
            <price>6</price>
        </p>
        <p class="story">
```

```
                <a href="http://xpath.com/" class="sister" id="link1">Elsie</a>
                <a class='sister' id="link2">Lacie</a>
                <price>4</price>
        </p>
        <p class="story">
            <price>1</price>
        </p>
    </div>
    </body>
    </html>
"""
html=etree.HTML(text)
div=html.xpath("//div")
print("div 包含元素：")
print(etree.tostring(div[0],pretty_print=False))
p_first=html.xpath("//div/p/a[2]")
print("第二个 a 元素：")
print(etree.tostring(p_first[0],pretty_print=False))
p_first_last=html.xpath("//div/p[1] | //div/p[last()]")
print("第一个、第三个 p 元素：")
for i in p_first_last:
    print(etree.tostring(i,pretty_print=False))
```

结果如图 4-15 所示。

```
div包含元素：
b'<div id="main">\n        <p class="title">\n
<b>The Dormouse\'s story</b>\n            <price>
6</price>\n        </p>\n        <p class="stor
y">\n            <a href="http://xpath.com/" clas
s="sister" id="link1">Elsie</a>\n            <a c
lass="sister" id="link2">Lacie</a>\n            <
price>4</price>\n        </p>\n        <p class
="story">\n            <price>1</price>\n
</p>\n    </div>\n    '
第二个a元素：
b'<a class="sister" id="link2">Lacie</a>\n
'
第一个、第三个p元素：
b'<p class="title">\n            <b>The Dormouse
\'s story</b>\n            <price>6</price>\n
</p>\n        '
b'<p class="story">\n            <price>1</price>
\n        </p>\n    '
```

图 4-15　元素定位

在 HTML 中，根据节点之间的关系，可以将其分为父节点、子节点、同胞节点、先辈节点、后代节点等。XPath 提供了可以根据节点关系进行元素定位的相关属性。常用属性如表 4-15 所示。

表 4-15　节点关系常用属性

属　性	描　述
ancestor	选取当前节点的所有先辈(父、祖父等)
ancestor-or-self	选取当前节点的所有先辈(父、祖父等)以及当前节点本身
self	选取当前节点
child	选取当前节点的所有子元素
descendant	选取当前节点的所有后代元素(子、孙等)
descendant-or-self	选取当前节点的所有后代元素(子、孙等)以及当前节点本身
parent	选取当前节点的父节点
following	选取文档中当前节点的结束标签之后的所有节点
following-sibling	选取当前节点之后的所有同级节点
preceding	选取文档中当前节点的开始标签之前的所有节点
preceding-sibling	选取当前节点之前的所有同级节点
attribute	选取当前节点的所有属性

代码如下所示。

属性::路径表达式

例如，应用示例结果为图 4-15 的 HTML 文档，获取第二个 P 节点后，继续获取该节点下元素为 a 的子元素和父节点，代码如下所示。

```
html=etree.HTML(text)
# 定位到第二个 p 节点
p_second=html.xpath("//div/p[2]")[0]
p_self=p_second.xpath("self::*")
print("当前节点：")
print(etree.tostring(p_self[0],pretty_print=False))
p_second_child=p_second.xpath("child::*")
print("当前节点所有子节点：")
for i in p_second_child:
    print(etree.tostring(i,pretty_print=False))
p_second_parent=p_second.xpath("parent::*")
print("当前节点父节点：")
print(etree.tostring(p_second_parent[0],pretty_print=False)
```

结果如图 4-16 所示。

当前节点:
b'<p class="story">\n   <a href="http://
xpath.com/" class="sister" id="link1">Elsie</a>\n
<a class="sister" id="link2">Lacie</a>\n
<price>4</price>\n   </p>\n   '
当前节点所有子节点:
b'<a href="http://xpath.com/" class="sister" id
="link1">Elsie</a>\n   '
b'<a class="sister" id="link2">Lacie</a>\n
'
b'<price>4</price>\n   '
当前节点父节点:
b'<div id="main">\n   <p class="title">\n
<b>The Dormouse\'s story</b>\n   <price>
6</price>\n   </p>\n   <p class="stor
y">\n   <a href="http://xpath.com/" clas
s="sister" id="link1">Elsie</a>\n   <a c
lass="sister" id="link2">Lacie</a>\n   <
price>4</price>\n   </p>\n   <p class
="story">\n   <price>1</price>\n
</p>\n   </div>\n   '

图 4-16 节点关系定位元素

2. 属性定位

属性定位是指根据属性或属性值进行定位,如获取带有 href 属性的元素、获取带有符合条件属性的元素等。属性定位常用符号如表 4-16 所示。

表 4-16 属性定位常用符号

符　　号	描　　述
@属性	选取包含指定属性的元素
@*	选取包含任意属性的元素
@[条件表达式]	选取属性符合指定值的元素

其中,条件表达式由属性、属性值和运算符组成。目前,XPath 中常用的运算符包含算术运算符、关系运算符、逻辑运算符等。

常用运算符如表 4-17 所示。

表 4-17　XPath 常用运算符

分 类	运算符	作 用	示 例
算术运算符	+	加法	1+2
	−	减法	1−2
	*	乘法	1*2
	div	除法	1 div 2
关系运算符	>	大于	price>1
	<	小于	price<1
	=	等于	price=1
	!=	不等于	price!=1
	>=	大于等于	price>=1
	<=	小于等于	price<=1
逻辑运算符	or	或	price<1 or price>5
	and	与	price>1 and price<5

例如，应用示例结果为图 4-15 的 HTML 文档，分别获取 class 为 story 的 p 元素、id 为 link1 或 link2 的 a 元素以及包含 href 属性的 a 元素，代码如下所示。

```
html=etree.HTML(text)
class_story=html.xpath("//p[@class='story']")
print("class 为 story 的 p 元素：")
for i in class_story:
    print(etree.tostring(i,pretty_print=False))
id_link=html.xpath("//a[@id='link1' or @id='link2']")
print("id 为 link1 或 link2 的 a 元素：")
for i in id_link:
    print(etree.tostring(i,pretty_print=False))
a_href=html.xpath("//a[@href]")
print("包含 href 属性的 a 元素：")
print(etree.tostring(a_href[0],pretty_print=False))
```

结果如图 4-17 所示。

```
class为story的p元素：
b'<p class="story">\n                <a href="http://
xpath.com/" class="sister" id="link1">Elsie</a>\n
<a class="sister" id="link2">Lacie</a>\n
<price>4</price>\n          </p>\n            '
b'<p class="story">\n                <price>1</price>
\n          </p>\n          '
id为link1或link2的a元素：
b'<a href="http://xpath.com/" class="sister" id
="link1">Elsie</a>\n                '
b'<a class="sister" id="link2">Lacie</a>\n
'
包含href属性的a元素：
b'<a href="http://xpath.com/" class="sister" id
="link1">Elsie</a>\n                '
```

图 4-17　属性定位

3. 文本定位

在 XPath 中，文本定位是指根据节点中包含文本的值进行的定位，可以通过"nodeName[条件表达式]"方式指定条件，该条件由元素、运算符和元素包含文本组成。在进行定位时，根据条件表达式，判断 nodeName 节点下是否包含表达式中的元素，如果包含，则继续判断该元素中包含的文本是否符合；如果都符合，则返回包含 nodeName 节点信息的 Element 对象。

例如，应用示例结果为图 4-15 的 HTML 文档，获取包含 price 元素并且文本值小于 2 或大于 5 的 p 节点，代码如下所示。

```
html=etree.HTML(text)
p=html.xpath("//p[price<2 or price>5]")
print("包含 price 元素且元素值小于 2 或大于 5 的 p 节点：")
for i in p:
    print(etree.tostring(i,pretty_print=False))
```

结果如图 4-18 所示。

```
包含price元素且元素值小于2或大于5的p节点：
b'<p class="title">\n                <b>The Dormouse
\'s story</b>\n          <price>6</price>\n
</p>\n          '
b'<p class="story">\n                <price>1</price>
\n          </p>\n          '
```

图 4-18　文本定位

三、数据提取

根据 HTML 中文本的不同属性,可以将 XPath 定位后的数据提取分为属性值提取和文本内容提取。

1. 属性值提取

在 XPath 中,属性值的提取通过"@"字符实现,只需在定位到节点后,加入"/@"和需要提取数据的属性即可获取该属性对应的值,并将结果以列表的形式返回,代码如下所示。

```
nodeName/@属性
```

例如,应用示例结果为图 4-15 的 HTML 文档,定位到第一个 a 节点后,获取 href 属性的值。代码如下所示。

```
html=etree.HTML(text)
# 获取 a 节点的 href 属性值
href=html.xpath("//div/p/a[1]/@href")
print(href)
```

结果如图 4-19 所示。

```
['http://xpath.com/']
```

图 4-19　属性值提取

2. 文本内容提取

与属性值的提取相比,文本内容的提取只需在定位到节点后,加入 text()方法即可获取该元素包含的所有文本,并将结果以列表的形式返回。但 text()方法提取的文本会包含换行符、制表符等。text()方法代码如下所示。

```
nodeName/text()
```

例如,应用示例结果为图 4-15 的 HTML 文档,定位到所有 a 节点后,获取每个节点包含的文本内容,代码如下所示。

```
html=etree.HTML(text)
# 获取所有 a 节点
a=html.xpath("//div/p/a")
# 遍历获取每个 a 节点
for i in a:
    # 获取 a 节点包含文本
    print(i.xpath("./text()"))
```

结果如图 4-20 所示。

```
['Elsie']
['Lacie']
```

图 4-20 文本内容提取

【任务实施】

通过以下几个步骤，使用 Requests 抓取页面后通过 XPath 提取数据。

第一步：抓取页面并解析。

使用 Requests 模块的 get()方法抓取页面后，通过 etree 模块的 HTML()方法对抓取的内容进行解析，代码如下所示。

```python
# 导入模块
import requests
from lxml import etree
# 定义请求路径
url='https://movie.douban.com/chart'
# 定义请求头
header={
    'User-Agent':'Mozilla/5.0 (Macintosh; Intel Mac OS X 10_15_0) AppleWebKit/537.36
(KHTML, like Gecko) Chrome/80.0.3987.132 Safari/537.36'
}
# 访问页面抓取内容
response=requests.get(url=url,headers=header)
# 查看页面内容
html=response.text
# 解析内容
text=etree.HTML(html)
print(text)
```

结果如图 4-21 所示。

```
<Element html at 0x1fcfb0fb300>
```

图 4-21 抓取页面并解析

第二步：查看内容。

内容解析后，通过 tostring()方法将解析后返回的 Element 对象转换成 byres 类型，验证是否抓取成功，代码如下所示。

```python
etree.tostring(text)
```

结果如图 4-22 所示。

```
b'<html lang="zh-CN" class="ua-mac ua-webkit">\n<
head>\n    <meta http-equiv="Content-Type" conten
t="text/html; charset=utf-8"/>\n    <meta name="r
enderer" content="webkit"/>\n    <meta name="refe
rrer" content="always"/>\n    <meta name="google-
site-verification" content="okOwCgT20tBBgo9_zat2i
AcimtN4Ftf5ccsh092Xeyw"/>\n    <title>\n&#35910;&
#29923;&#30005;&#24433;&#25490;&#34892;&#27036;\n
</title>\n    \n    <meta name="baidu-site-verifi
cation" content="cZdR4xxR7RxmM4zE"/>\n    <meta h
ttp-equiv="Pragma" content="no-cache"/>\n    <met
a http-equiv="Expires" content="Sun, 6 Mar 2005 0
1:00:00 GMT"/>\n    \n    <meta name="keywords" c
ontent="&#30005;&#24433;&#25490;&#34892;&#27036;&
```

图 4-22　内容查看

第三步：定位信息。

使用 XPath 定位到每部电影信息所在节点，即 table 节点，代码如下所示。

```
tables=text.xpath("//div[@class='article']/div[@class='indent']/div/table")
tables
```

结果如图 4-23 所示。

```
[<Element table at 0x1fcfad67280>,
 <Element table at 0x1fcfb021240>,
 <Element table at 0x1fcfb0b0240>,
 <Element table at 0x1fcfb01e600>,
 <Element table at 0x1fcfb02e880>,
 <Element table at 0x1fcfb0fb200>,
 <Element table at 0x1fcfb0fb240>,
 <Element table at 0x1fcfb0fb6c0>,
 <Element table at 0x1fcfb0fbd40>,
 <Element table at 0x1fcfb02ef40>]
```

图 4-23　信息定位

第四步：提取信息。

遍历 table 节点，定位数据所在节点，并通过属性值提取或文本内容提取的方式实现电影名称、电影简介、电影评分和评价人数的获取，代码如下所示。

```
for table in tables:
```

```
# 获取电影名称
title=table.xpath("./tr/td/a/@title")[0]
print('电影名称：',title)
# 获取电影简介
context=table.xpath("./tr/td/div/p/text()")[0]
print('主演名称：',context)
# 获取电影评分
score=table.xpath("./tr/td/div/div/span[2]/text()")[0]
print('电影评分：',score)
# 获取评价人数
num=table.xpath("./tr/td/div/div/span[last()]/text()")[0]
# 转换数据类型为 bytes
num=num.encode("utf-8")
# 将 bytes 转换为 str，并获取数字
num=str(num,encoding='utf-8')[1:][:-4]
print('评价人数：',num)
print('---------------------------')
```

结果如图 4-24 所示。

```
电影名称：    追忆迷局
主演名称：   2021-08-20(美国) / 休·杰克曼 / 丽贝卡·弗
格森 / 坦迪·牛顿 / 克利夫·柯蒂斯 / 玛丽娜·德·塔维
拉 / 吴彦祖 / 莫让·阿里亚 / 布莱特·卡伦 / 娜塔丽·
马丁内斯 / 安吉拉·萨拉弗安 / 山姆麦地那 / 朴云龙 /
韩·索托 / 雷·埃尔南德斯 / 安德鲁·马希特...
电影评分：   6.1
评价人数：   7399
-------------------------------
电影名称：    南巫
主演名称：   2020-11-10(台北金马影展) / 2021-04-01(中国
台湾) / 徐世顺 / 蔡宝珠 / 吴俐璇 / 云镁鑫 / 邓壹龄
马来西亚 / 张吉安 / 105分钟 / 剧情 / 惊悚 / 张吉安 Ch
ong Keat Aun / 闽南语 / 汉语普通话 / 马来语 / 泰语
电影评分：   6.5
评价人数：   10928
-------------------------------
电影名称：   X特遣队：全员集结
主演名称：   2021-07-28(法国) / 2021-08-06(美国) / 玛格
特·罗比 / 伊德里斯·艾尔巴 / 约翰·塞纳 / 乔尔·金纳
曼 / 西尔维斯特·史泰龙 / 维奥拉·戴维斯 / 大卫·达斯
```

图 4-24 信息提取

小　　结

通过对本单元的学习，完成网页数据的提取，并在实现过程中，了解了正则表达式的相关概念，熟悉了正则表达式和 etree 模块相关方法的使用，掌握了 XPath 节点定位和数据提取的实现的方法。

总 体 评 价

通过学习本任务，看自己是否掌握了以下技能，在技能检测表中标出已掌握的技能。

评价标准	个人评价	小组评价	教师评价
(1) 是否掌握正则表达式的定义及使用			
(2) 是否掌握 XPath 的使用			

注：A 表示能做到；B 表示基本能做到；C 表示部分能做到；D 表示基本做不到。

课 后 习 题

一、选择题

(1) 在 Python 中，正则表达式对字符串的逻辑操作被包含在(　　)模块中。

A. NumPy　　　　　　B. os　　　　　　　C. re　　　　　　　D. ce

(2) 正则表达式的定义有(　　)种方式。

A. 一　　　　　　　　B. 二　　　　　　　C. 三　　　　　　　D. 四

(3) etree 模块提供的多种方法中，用于解析文件的是(　　)。

A. HTML()　　　　　B. XML()　　　　　　C. parse()　　　　　D. xpath()

(4) 下列元素定位常用符号表示从根节点选取的是(　　)。

A. /　　　　　　　　B. //　　　　　　　C. .　　　　　　　D. ..

(5) 在 XPath 中，属性值的提取通过(　　)实现。

A. *　　　　　　　　B. text()　　　　　　C. $　　　　　　　D. @

二、简答题

(1) 列举正则表达式转义字符及其对应的作用(至少五个)。

(2) 简述正则表达式的定义。

(3) 简述 XPath 数据提取的语法。

学习单元五　Scrapy 网页数据采集

项目概述

目前，全球互联网用户数量已经超过 40 亿人，人们在互联网上进行页面的浏览、评论等操作，产生了大量的"用户数据"，如何采集这些数据给我们带来了极大的困难，而 Scrapy 框架的出现给开发人员带来了极大的便利。Scrapy 是 Python 中的一个应用 Twisted 异步处理的第三方应用程序框架，用户只需要定制开发几个模块即可实现一个爬虫，用来快速爬取网站并从页面中抓取网页内容以及各种图片。本单元通过对 Scrapy 框架相关知识的介绍，爬取网站页面内容并将其保存到 MySQL 数据库中。

思维导图

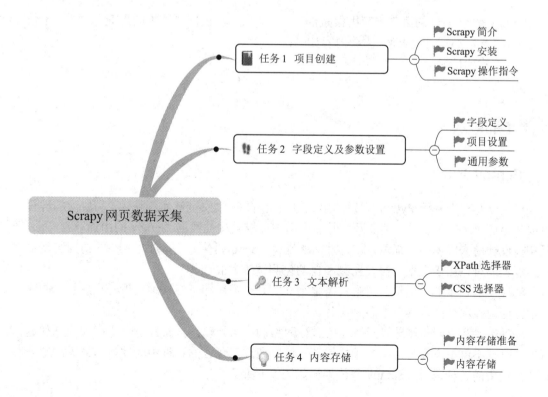

思政聚焦

俗话说:"一个和尚挑水喝,两个和尚抬水喝,三个和尚没水喝。""一只蚂蚁来搬米,搬来搬去搬不起;两只蚂蚁来搬米,身体晃来又晃去;三只蚂蚁来搬米,轻轻抬着进洞里。"这两种说法有截然不同的结果:"三个和尚"是一个团体,可是他们没水喝是因为互相推诿、不讲协作;"三只蚂蚁来搬米"之所以能"轻轻抬着进洞里",正是团结协作的结果。

随着知识技术时代的到来,各种知识、技术不断推陈出新,竞争日趋紧张激烈,社会需求越来越多样化,人们在工作学习中所面临的情况和环境越来越复杂。在很多情况下,如果还依靠个人能力,已经不能适应各种错综复杂的情况。所以要讲究团体精神,并且团队中的每个成员之间必须相互依赖、互相沟通、共同上进,只有综合大家的优势,才能解决面临的困难和问题,取得事业上的成功。

学习任务

任务1　项 目 创 建

 【任务描述】

Scrapy 是 Python 的第三方应用程序框架,主要用于实现网页数据的采集和存储。本任务将实现 Scrapy 项目的创建,主要内容如下:

(1) 创建项目;

(2) 创建爬虫文件。

 【知识准备】

一、Scrapy 简介

Scrapy 是一个基于 Python 开发的第三方应用程序框架,能够实现快速、高层次的屏幕抓取和 Web 抓取,主要用于爬取网站并从页面中提取结构性数据。Scrapy 的用途非常广泛,最初被设计用来实现网络抓取,随着时间的推移,Scrapy 不仅可以通过 API 的访问实现数据提取,还可以用于数据挖掘、监测和自动化测试等方面。

Scrapy 的使用非常简单,用户只需定制开发几个模块即可轻松地实现一个爬虫,能够非常方便地抓取网页内容以及各种图片。

Scrapy 使用 Twisted 异步网络框架进行网络通信的处理,且架构清晰,在加快下载速度的同时,不仅不需要自定义异步框架,还可以通过其包含的各种中间件接口,灵活地完成数据采集的各种需求。Scrapy 整体架构如图 5-1 所示。

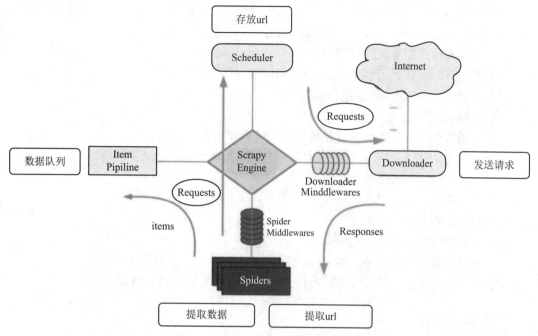

图 5-1　Scrapy 架构

由图 5-1 可知，一个简单的 Scrapy 架构主要由 Scrapy Engine(引擎)、Scheduler(调度器)、Downloader(下载器)、Spiders(爬虫)、Item Pipeline(管道)、Downloader Middlewares(下载中间件)和 Spider Middlewares(Spider 中间件)等七个部分组成。各个部分的作用如表 5-1 所示。

表 5-1　Scrapy 组成

组成部分	作　　用	实现方式
Scrapy Engine (引擎)	负责 Spider、Item Pipeline、Downloader、Scheduler 之间数据和信号的传递	Scrapy 已实现
Scheduler (调度器)	负责接受引擎发送的 Request 请求，按照一定的方式进行整理排列后，当引擎需要时，交还给引擎	Scrapy 已实现
Downloader (下载器)	负责下载引擎发送的所有 Requests 请求，并将其获取到的 Responses 交还给引擎，最后由引擎交给 Spiders 来处理	Scrapy 已实现
Spiders (爬虫)	负责处理引擎发送的 Responses，从中分析提取数据，获取 Item 字段需要的数据，并将需要跟进的 URL 提交给引擎后，再次进入 Scheduler	手动编写
Item Pipeline (管道)	负责处理 Spiders 中获取到的 Item，并进行后期处理，如详细分析、过滤、存储等	手动编写
Downloader Middlewares (下载中间件)	位于 Scrapy 引擎和下载器之间的框架，主要是处理 Scrapy 引擎与下载器之间的请求及响应，可以当作一个可以自定义扩展下载功能的组件，如代理设置等	一般不需手写
Spider Middlewares (Spider 中间件)	介于 Scrapy 引擎和爬虫之间的框架，主要工作是处理爬虫的响应输入和请求输出	一般不需手写

Scrapy 框架将网页采集功能集成到了各个模块中，只留出自定义部分，将程序员从烦冗的流程式重复工作中解放出来。Scrapy 具有如下优势：

(1) 异步通信，能够灵活调节并发量。

(2) 使用 XPath 代替正则表达式，可读性强，速度快。

(3) 能够同时爬取不同 url 包含的数据。

(4) 支持 Shell 方式，方便独立调试。

(5) 采用管道方式处理数据，灵活性强，可保存为多种形式。

Scrapy 在大规模爬取和高效稳定爬取等方面具有很大的优势，但在资源利用率、可用性等方面存在着不足。Scrapy 的缺点如下：

(1) 无法完成分布式爬取。

(2) 内存消耗大，且不能持久。

(3) 不能获取 Ajax 包含的数据。

(4) 能够下载图片与视频，但可用性较差。

(5) 异步框架出错后其他任务不会停止，并且数据出错后难以察觉。

二、Scrapy 安装

Scrapy 是 Python 的第三方框架，可以使用 pip 安装、wheel 安装和源码安装等安装方式。在安装 Scrapy 之前，需要事先安装 lxml、pyOpenSSL、Twisted、PyWin32 等相关的依赖库。Scrapy 框架的安装步骤如下所示。

第一步：安装 lxml 解析库。在命令窗口输入"pip install lxml"命令即可进行下载安装，如图 5-2 所示。

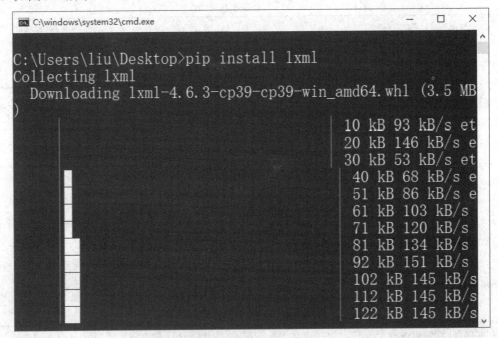

图 5-2　lxml 解析库安装

　　第二步：安装 pyOpenSSL。在命令窗口输入"pip install pyOpenSSL"，结果如图 5-3 所示。

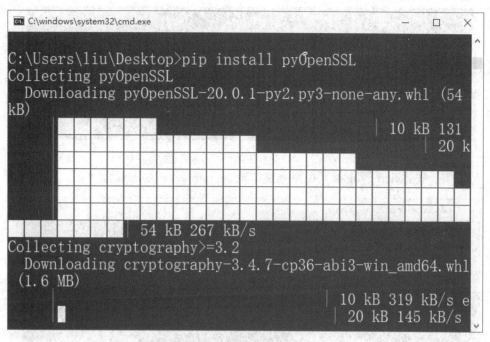

图 5-3　pyOpenSSL 模块安装

　　第三步：安装 Twisted。在命令窗口输入"pip install Twisted"进行下载安装，结果如图 5-4 所示。

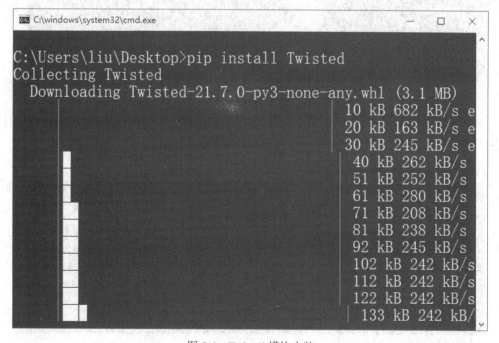

图 5-4　Twisted 模块安装

第四步：安装 PyWin32。在命令窗口输入"pip install PyWin32"，结果如图 5-5 所示。

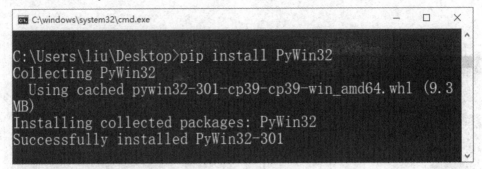

图 5-5　PyWin32 安装

第五步：安装 Scrapy 框架。在命令窗口输入"pip install Scrapy"，结果如图 5-6 所示。

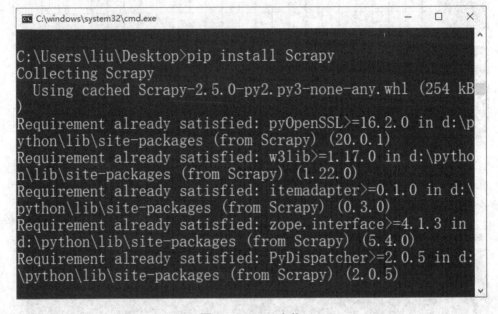

图 5-6　Scrapy 安装

第六步：进入 Python 交互式命令行，使用 import 引入 Scrapy 对安装结果进行验证，结果如图 5-7 所示。

图 5-7　Scrapy 安装验证

三、Scrapy 操作指令

Scrapy 操作命令主要用于实现项目创建、项目运行等操作，可以分为全局命令和项目命令。其中，全局命令在整个操作系统使用；项目命令只能在 Scrapy 项目内部使用。常用的 Scrapy 操作命令如表 5-2 所示。

表 5-2 Scrapy 操作命令

类　别	命　令	描　述
全局命令	shell	给定 URL 的一个交互式模块
	startproject	用于创建项目
	genspider	使用内置模板在 spiders 文件下创建一个爬虫文件
项目命令	crawl	用来使用爬虫抓取数据，运行项目
	list	显示本项目中可用爬虫(spider)的列表

1. shell

在 Scrapy 中，在未启动 spider 的情况下，shell 命令能够启动一个 shell 交互窗口，尝试或调试爬取代码。在使用时，shell 命令会接收一个网页地址。语法格式如下所示。

```
scrapy shell url
```

shell 命令使用后，会获取整个地址的相关信息并将其以 Response 对象返回，之后可通过 Response 对象的相关方法或属性对数据进行获取，如获取头部信息、获取标签包含内容等。Response 对象的常用方法如表 5-3 所示。

表 5-3 Response 对象的常用方法和属性

方法和属性	描　述
body	获取网页的 body 信息
headers	获取网页的头部信息
xpath()	使用 XPath 选取内容
css()	使用 CSS 语法选取内容

语法格式如下所示。

```
response.body
response.headers
response.xpath()
response.css()
```

例如，使用 shell 命令获取 "http://baidu.com" 地址包含的内容，之后通过 Response 对象的 headers 属性对头部信息进行获取，代码如下所示。

```
scrapy shell "http://baidu.com"
In [1]: response.headers
```

结果如图 5-8 和图 5-9 所示。

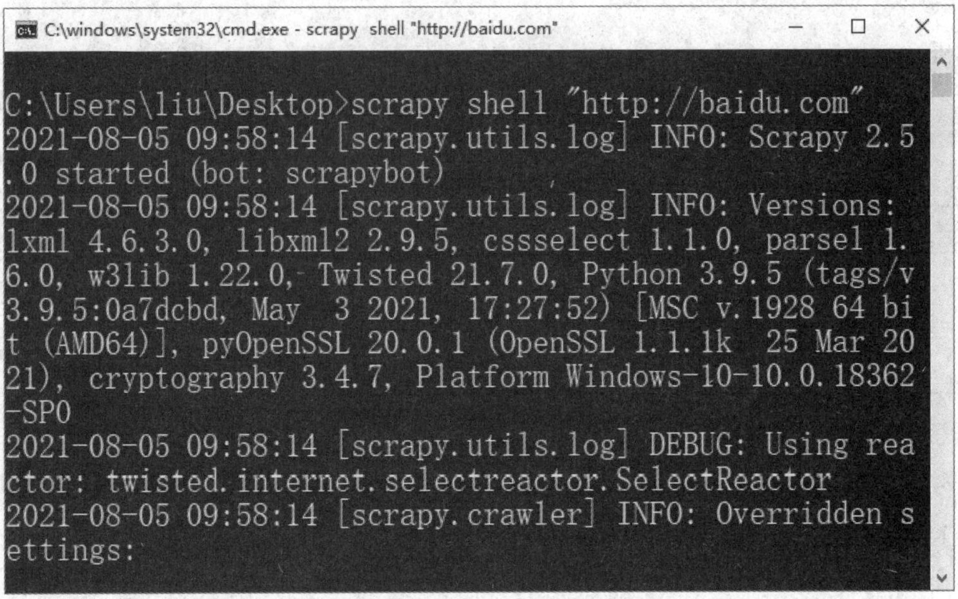

图 5-8　进入交互窗口

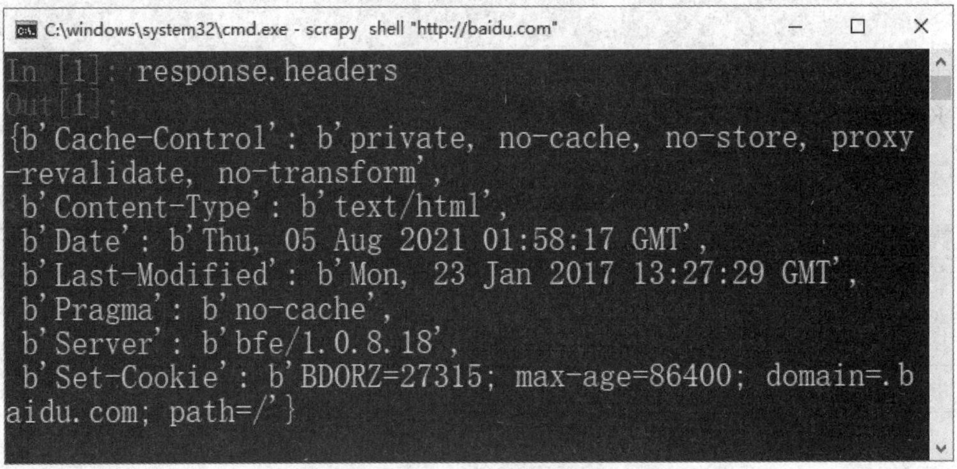

图 5-9　获取头部信息

2. startproject

startproject 命令是一个创建命令，主要用于实现 Scrapy 项目的创建，通过在命令后面加入项目的名称即可创建项目。语法格式如下所示。

```
scrapy startproject ProjectName
```

下面使用 startproject 命令创建一个名为 ScrapyProject 的 Scrapy 项目，代码如下所示。

```
scrapy startproject ScrapyProject
```

结果如图 5-10 所示。

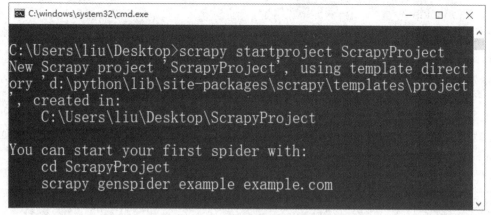

图 5-10　Scrapy 项目的创建

　　Scrapy 项目的目录结构非常简单，按照功能可以分为三个部分，分别是项目配置文件、项目设置文件、爬虫代码编写文件。Scrapy 项目结构如图 5-11 所示。

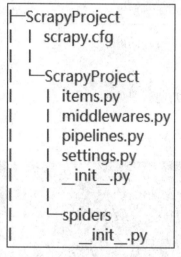

图 5-11　Scrapy 项目结构

Scrapy 项目中各个文件的作用如表 5-4 所示。

表 5-4　Scrapy 项目中各个文件的作用

文　件	作　用
scrapy.cfg	项目配置文件
items.py	项目目标文件
middlewares.py	定义项目的 Spider Middlewares 和 Downloader Middlewares
pipelines.py	项目管道文件
settings.py	项目设置文件
spiders	爬虫代码存储目录

3. genspider

genspider 命令主要用于爬虫文件的创建。在使用时，会接收被爬取网站的地址，并在 spiders 目录中创建一个指定名称的爬虫文件，代码如下所示。

```
scrapy genspider SpiderName url
```

其中，url 为可选参数，不使用时，可以手动在爬虫文件中进行添加。另外，genspider 命令可以提供多个设置模板的参数，当不指定模板时，默认使用 basic 模板。常用参数如表 5-5 所示。

表 5-5　模板设置参数

参　　数	描　　述
-l	列出所有可用模板
-d	展示模板的内容
-t	指定模板创建

例如，使用 genspider 命令在 spiders 目录中创建一个名为 MySpider 的爬虫文件，代码如下所示。

```
scrapy genspider MySpider top.chinaz.com
```

结果如图 5-12 所示。

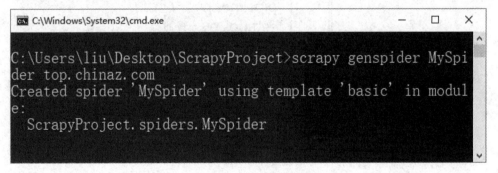

图 5-12　爬虫文件创建

4. crawl

crawl 命令主要用于实现 Scrapy 项目的运行，在命令后面加入爬虫文件名称即可运行 Scrapy 项目，代码如下所示。

```
scrapy crawl SpiderName
```

另外，crawl 命令在使用时，还可以使用"-o"参数指定导出的文件名称即可将数据保存到指定的文件中，包括 JSON、CSV、XML 等文件格式，代码如下所示。

```
scrapy crawl SpiderName -o filepath
```

使用 crawl 命令保存数据时，保存的数据来自"items.py"文件中定义的各个字段，因此，需要在数据爬取成功后给定义的各个字段赋值。

例如，使用 crawl 命令运行 Scrapy 项目中名为 MySpider 的爬虫文件，代码如下所示。

```
scrapy crawl MySpider
```

结果如图 5-13 所示。

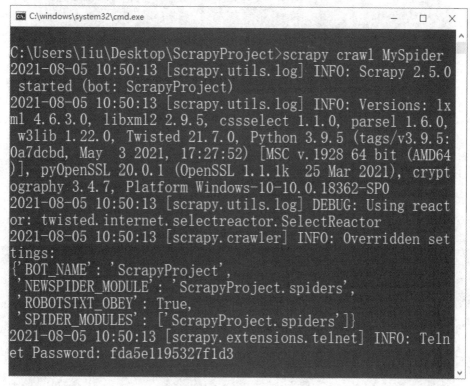

图 5-13　爬虫文件运行

5. list

list 命令主要用于查看当前 spiders 目录中包含的爬虫文件，并将爬虫文件的名称返回。代码如下所示。

```
scrapy list
```

【任务实施】

通过上面的学习，掌握了 Scrapy 框架的安装以及操作指令使用，通过以下几个步骤，可以创建 Scrapy 项目。

第一步：创建项目。打开命令窗口，使用 startproject 命令创建一个名为 JobScrapy 的 Scrapy 项目。命令如下所示。

```
scrapy startproject JobScrapy
```

结果如图 5-14 所示。

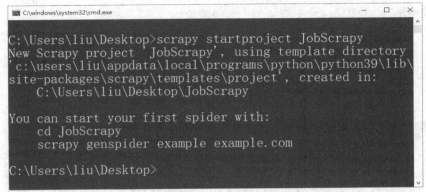

图 5-14　创建项目

第二步：创建爬虫文件。进入 JobScrapy 的项目，使用 genspider 命令在 spiders 目录中创建一个名为 job 的爬虫文件。命令如下所示。

```
cd JobScrapy
scrapy genspider job https://www.liepin.com/zhaopin/
```

结果如图 5-15 所示。

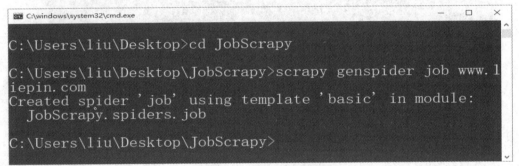

图 5-15　创建爬虫文件

任务 2　字段定义及参数设置

【任务描述】

在 Scrapy 项目创建完成后，需要明确爬取目标并设置项目参数和自定义字段。本任务主要介绍字段定义、项目设置和通用参数选择，主要内容如下：

(1) 字段定义；

(2) 项目设置；

(3) 选取通用参数。

【知识准备】

创建一个简单的 Scrapy 爬虫只需要五个步骤，分别是项目创建、爬虫文件创建、明确字段、爬虫制作、数据存储。其中：

(1) 项目创建：通过 startproject 命令创建爬虫项目。

(2) 爬虫文件创建：通过 genspider 命令在 spiders 目录中创建爬虫文件。

(3) 明确字段：编写 items.py，明确抓取的目标字段。

(4) 制作爬虫：在爬虫文件中编写代码开始爬取网页，解析网页内容。

(5) 存储内容：设计管道(修改 pipelines.py 代码)存储爬取内容。

一、字段定义

在 Scrapy 中，字段的定义通过编写 items.py 文件实现，用于保存爬取数据。目前，字段的定义有两种方式，都是通过自定义类实现的，只是类中包含的参数以及类属性的定义存在不同。第一种方式包含参数为"scrapy.Item"，类属性通过"scrapy.Field()"实现，在 Field()方法中，可以通过 serializer 参数指定序列化函数，代码如下所示。

```python
import scrapy
#定义包含 scrapy.Item 参数的类
class scrapyItem(scrapy.Item):
    #自定义字段
    name = scrapy.Field()
    age = scrapy.Field()
```

第二种方式包含参数为"Item"，类属性通过 Field()方法实现，但需要通过 import 导入 Item 和 Field，与第一种方式相比，代码更为精简，代码如下所示。

```python
#导入 scrapy 模块
import scrapy
#导入 scrapy 的 Item 参数和 Field 方法
from scrapy import Item,Field
#定义包含 Item 参数的类
class scrapyItem(Item):
    #自定义字段
    name = Field()
    age = Field()
```

字段定义完成后，在爬虫文件中需要引入该类并实例化，再通过实例化后对象加入中括号"[]"和定义的字段名称实现数据的赋值，代码如下所示。

```python
import scrapy
# 导入 ScrapyprojectItem 类
from ScrapyProject.items import ScrapyprojectItem
class MyspiderSpider(scrapy.Spider):
    def parse(self, response):
        passitem=ScrapyprojectItem()
```

```
item["name"]="值"
item["public_date"]="值 1"
item["link"]="值 2"
```

二、项目设置

在 Scrapy 中，项目的设置通过修改 settings.py 文件实现，只需指定属性及其对应的属性值即可，如项目名称、并发请求、爬取策略、项目管道等设置。Scrapy 框架中常用的项目设置参数如表 5-6 所示。

表 5-6　Scrapy 框架中常用的设置参数

参　数	描　述
BOT_NAME	项目名称
SPIDER_MODULES	spider 模块列表
USER_AGENT	默认 User-Agent
ROBOTSTXT_OBEY	是否采用 robots.txt 策略，值为 True 或 False
CONCURRENT_REQUESTS	并发请求的最大值，默认为 16
DOWNLOAD_DELAY	同一网站请求延迟，默认值为 0，单位为秒
CONCURRENT_REQUESTS_PER_DOMAIN	对单个网站进行并发请求的最大值，默认为 16
CONCURRENT_REQUESTS_PER_IP	对单个 IP 进行并发请求的最大值，默认为 16
COOKIES_ENABLED	是否禁用 Cookie，值为 True 或 False
TELNETCONSOLE_ENABLED	是否禁用 Telnet 控制台，值为 True 或 False
DEFAULT_REQUEST_HEADERS	覆盖默认请求头
SPIDER_MIDDLEWARES	启用或禁用爬虫中间件
DOWNLOADER_MIDDLEWARES	启用或禁用下载器中间件
EXTENSIONS	启用或禁用扩展程序
ITEM_PIPELINES	配置项目管道
AUTOTHROTTLE_ENABLED	启用和配置 AutoThrottle 扩展，值为 True 或 False
AUTOTHROTTLE_START_DELAY	初始下载延迟，单位为秒
AUTOTHROTTLE_MAX_DELAY	在高延迟的情况下设置的最大下载延迟时间，单位秒
AUTOTHROTTLE_DEBUG	是否显示所收到的每个响应的调节统计信息，值为 True 或 False
HTTPCACHE_ENABLED	是否启用 HTTP 缓存，值为 True 或 False
HTTPCACHE_EXPIRATION_SECS	HTTP 缓存请求到期时间，单位为秒
HTTPCACHE_DIR	HTTP 缓存目录
HTTPCACHE_IGNORE_HTTP_CODES	是否使用 HTTP 代码缓存响应
HTTPCACHE_STORAGE	缓存存储后端的类

三、通用参数

使用 genspider 命令在 spiders 文件下创建一个爬虫文件，该文件就包含了内置代码，如下所示。

```
import scrappy
class MyspiderSpider(scrapy.Spider):
    name = 'MySpider'
    allowed_domains = ['top.chinaz.com']
    start_urls = ['http://top.chinaz.com/']
    def parse(self, response):
        pass
```

其中，类中包含的 scrapy.Spider 参数是 Scrapy 的通用 spider。在爬取页面时，会通过 start_urls 指定地址获取页面内容并以 Response 对象返回，再调用 parse(self, response)方法对 Response 对象进行处理。scrapy.Spider 参数对应的类属性和可重写方法如表 5-7 所示。

表 5-7　scrapy.Spider 对应类属性和可重写方法

类属性、可重写方法	描　　述
name	spider 名称
allowed_domains	域名列表
start_urls	URL 列表
start_requests(self)	打开网页抓取内容并返回一个可迭代对象
parse(self, response)	处理生成 Item、Request 对象或 Response 对象

在 Scrapy 中，除了通用的 scrapy.Spider 参数外，还提供多个具有特殊功能的参数，如 XML 解析。常用参数如表 5-8 所示。

表 5-8　常用 spider 通用参数

参　　数	描　　述
CrawlSpider	爬取一般网站
XMLFeedSpider	通过迭代节点分析 XML 内容

1. CrawlSpider

CrawlSpider 参数允许指定爬取规则(Rule 数据结构)实现页面内容的提取，这个 Rule 中包含提取和跟进页面的配置，Spider 会根据 Rule 进行操作，能够满足大多数的爬取需求。CrawlSpider 除了继承 scrapy.Spider 的方法和属性，还提供了多个类属性和可重写方法，如表 5-9 所示。

表 5-9　部分类属性和可重写方法

类属性、可重写方法	描　　述
rules=()	爬取规则属性
parse_start_url(response)	当 start_url 的请求返回时，该方法被调用。该方法会分析 Response 并必须返回 Item 对象或者 Request 对象

rules 是爬取规则属性，包含一个或多个 Rule 对象的列表，多个 Rule 对象通过逗号","连接，每个 Rule 定义爬取网站的规则，CrawlSpider 会读取 rules 的每一个 Rule 并进行解析。Rule 方法代码如下所示。

```
from scrapy.spiders import CrawlSpider, Rule

rules=(Rule(link_extractor, callback=None, cb_kwargs=None, follow=None, process_links=None,
process_request=None))
```

参数说明如表 5-10 所示。

表 5-10　Rule 方法包含参数

参　　数	描　　述
link_extractor	链接提取器
callback	指定调用函数，在每一页提取之后被调用
cb_kwargs	包含传递给回调函数的参数的字典
follow	指定是否继续跟踪链接
process_links	从 link_extractor 中获取到链接列表时将会调用该函数，可以用来过滤
process_request	提取每个 request 时都会调用该函数，并且必须返回一个 request 或者 None，能够用来过滤 request

其中，link_extractor 通过 LinkExtractor()方法实现，提取 Response 中符合规则的链接，代码如下所示。

```
# 从 scrapy.linkextractors 中导入 LinkExtractor
from scrapy.linkextractors import LinkExtractor
LinkExtractor(allow=(),deny=(),restrict_xpaths=(),restrict_css=(),deny_domains=())
```

参数说明如表 5-11 所示。

表 5-11　LinkExtractor 方法包含参数

参　　数	描　　述
allow	满足括号中"正则表达式"的值会被提取，如果为空，则全部匹配
deny	满足括号中"正则表达式"的值不会被提取
restrict_xpaths	满足 XPath 表达式的值会被提取
restrict_css	满足 CSS 表达式的值会被提取
deny_domains	不会被提取的链接，值为一个单独的值或一个包含域的字符串列表

例如，使用 CrawlSpider 进行页面信息的爬取。代码 CORE0402 如下所示。

```python
import scrappy
# 从 scrapy.spiders 中导入 CrawlSpider 和 Rule
from scrapy.spiders import CrawlSpider, Rule
# 从 scrapy.linkextractors 中导入 LinkExtractor
from scrapy.linkextractors import LinkExtractor
# 使用 CrawlSpider 参数
class MyspiderSpider(CrawlSpider):
    name = 'MySpider'
    allowed_domains = ['chinaz.com']
    start_urls = ['https://top.chinaz.com']
    rules = (
        Rule(LinkExtractor(allow=r'site_.*?html'), callback='parse_item'),
    )
    def parse_item(self, response):
        print(response)
```

结果如图 5-16 所示。

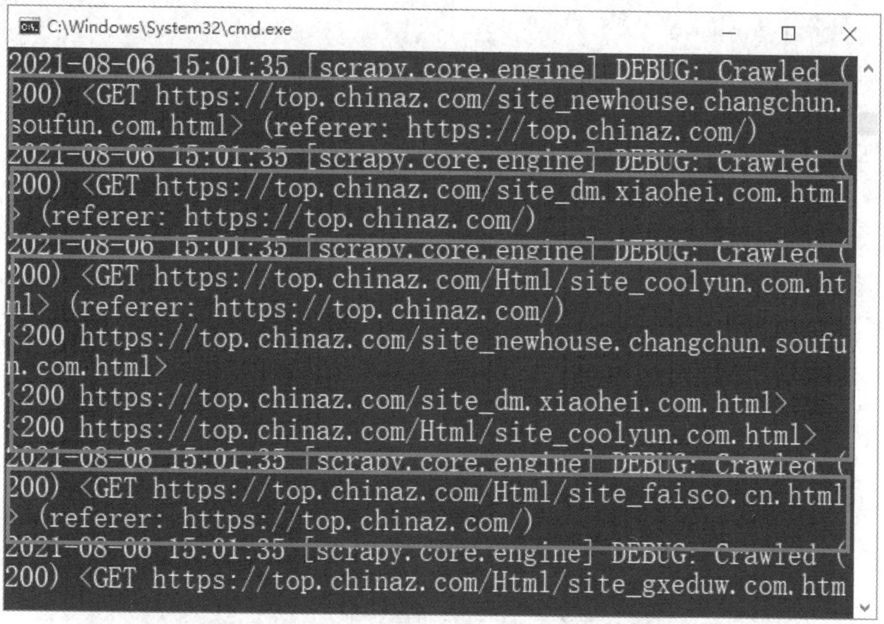

图 5-16　CrawlSpider 页面爬取

2. XMLFeedSpider

与 CrawlSpider 相比，XMLFeedSpider 针对的是 XML，通过迭代器进行各个节点的迭代来实现 XML 文件的解析，且继承 scrapy.Spider 的属性。XMLFeedSpider 包含的常用类属性和可重写方法，如表 5-12 所示。

表 5-12　部分类属性和可重写方法

类属性、可重写方法	描　　述
iterator	迭代器，可选值为 iternodes(默认)、HTML、XML
itertag	定义迭代时进行匹配的节点名称
parse_node(response, selector)	回调函数，当节点匹配名称时被调用
process_results(response, results)	回调函数，当爬虫返回结果时被调用

为了与 CrawlSpider 的爬虫文件区分，使用 genspider 命令创建一个新的爬虫文件 XMLSpider，再通过 XMLFeedSpider 进行页面爬取，代码如下所示。

```python
import scrapy
# 从 scrapy.spiders 中导入 XMLFeedSpider
from scrapy.spiders import XMLFeedSpider
class XmlspiderSpider(XMLFeedSpider):
    name = 'XMLSpider'
    allowed_domains = ['chinanews.com']
    start_urls = ['http://www.chinanews.com/rss/scroll-news.xml']
    # 选择迭代器
    iterator = 'iternodes'
    # 设置节点名称
    itertag = 'item'
    # 回调函数
    def parse_node(self,response,selector):
        item = {}
        # 获取信息
        item['title']=selector.xpath('title/text()').extract_first()
        print(item)
```

结果如图 5-17 所示。

图 5-17　XMLFeedSpider 页面爬取

✎【任务实施】

通过以下几个步骤，实现字段定义、项目设置和通用参数选择。

第一步：字段定义。进入项目，打开 items.py 文件，创建 JobtItem 类后，通过 scrapy.Field() 方式进行爬取字段的自定义，代码如下所示。

```
class JobtItem(scrapy.Item):
    # 岗位名称
    title = scrapy.Field()
    # 薪资
    salary = scrapy.Field()
    # 工作地点
    location = scrapy.Field()
    # 所需学历
    education = scrapy.Field()
    # 所需经验
    experience = scrapy.Field()
    # 工作单位
    unit = scrapy.Field()
```

第二步：项目设置。进入 settings.py 文件，将 robots.txt 策略设置为不采用，代码如下所示。

```
import scrappy
class JobSpider(scrapy.Spider):
    name = 'job'
    allowed_domains = ['liepin.com']
    start_urls = ['https://www.liepin.com/zhaopin/']
    def parse(self, response):
        pass
```

第三步：选取通用参数。再次打开 spiders 目录下的 job 爬虫文件，根据需求选取通用的 scrapy.Spider 参数，再设置 start_urls 为被爬取的页面路径，代码如下所示。

```
import scrappy
class JobSpider(scrapy.Spider):
    name = 'job'
    allowed_domains = ['liepin.com']
    start_urls = ['https://www.liepin.com/zhaopin/']
    def parse(self, response):
        print("response：", response)
        pass
```

输入 "scrapy crawl job" 命令运行项目，服务器不出现错误说明设置成功，结果如图 5-18 所示。

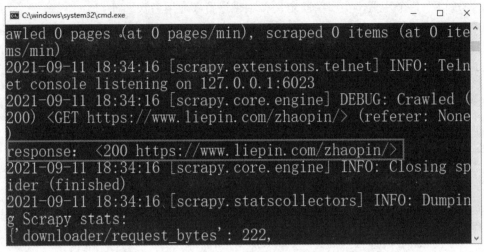

图 5-18　运行项目

任务 3　文 本 解 析

【任务描述】

爬取网页后，Scrapy 会将数据以 Response 对象的形式返回。本任务将使用选择器实现 Response 对象的解析，主要内容如下：

(1) 页面解析；

(2) 提取数据；

(3) 多页提取。

【知识准备】

Scrapy 提供了两种用于解析文本的选择器，即 XPath 选择器和 CSS 选择器，能够通过特定的 XPath 或 CSS 表达式实现文本解析。选择的通用参数不同,选择器的使用略有不同，在 scrapy.Spider 参数中，需要导入 Selector 解析 Response 对象后使用选择器方法，代码如下所示。

```
import scrapy
# 从 scrapy.selector 中导入 Selector
from scrapy.selector import Selector
class MyspiderSpider(scrapy.Spider):
        name = 'MySpider'
```

```
    allowed_domains = ['top.chinaz.com']
    start_urls = ['http://top.chinaz.com/']
    def parse(self, response):
    # 构造 Selector 实例
        sel=Selector(response)
        # 解析 HTML
        xpath=sel.xpath('表达式')
    css=sel.css('表达式')
        pass
```

在 CrawlSpider 和 XMLFeedSpider 中，直接使用选择器方法即可，代码如下所示。

```
import scrappy
from scrapy.spiders import CrawlSpider, Rule
# CrawlSpider 参数
class MyspiderSpider(CrawlSpider):
    name = 'MySpider'
    allowed_domains = ['chinaz.com']
    start_urls = ['https://top.chinaz.com']
    rules=
        (Rule(link_extractor,callback=None)
    )
    def parse_item(self, response):
        # 解析 HTML
        xpath=response.xpath('表达式')
        css=response.css('表达式')


# XMLFeedSpider 参数
class XmlspiderSpider(XMLFeedSpider):
    name = 'XMLSpider'
    allowed_domains = ['chinanews.com']
    start_urls = ['http://www.chinanews.com/rss/scroll-news.xml']
    def parse_node(self,response,selector):
        # 解析 XML
        xpath=selector.xpath('表达式')
        css=selector.css('表达式')
```

一、XPath 选择器

与 lxml 库的 etree 模块下的 XPath 相比，Scrapy 中的 XPath 选择器同样通过 xpath()方

法实现，但 Scrapy 中的 XPath 选择器将获取结果以 Selector 格式返回，且同样接收由符号和方法组成的路径表达式进行节点或节点集的选取。一些常用的路径表达式示例如表 5-13 所示。

表 5-13　XPath 常用路径表达式

路径表达式	描　　述
div	选取 div 下所有子节点
/div/p[1]	选取 div 下第 1 个子节点 p
/div/p[last()]	选取 div 下最后 1 个子节点 p
/div/p[last()-1]	选取 div 下倒数第 2 个子节点 p
/div/p[position()<5]	选取 div 下前 4 个子节点 p
/div[price>5]	选取包含 price 元素且值大于 5 的 div 节点
/div	选取根节点 div
//div	选取所有 div 节点
./div	选取当前节点下的 div
../div	选取父节点下的 div
//div[@class="content"]	选取所有 class 为 content 的 div
/div/*	选取 div 下所有元素节点
//div[@*]	选取所有带有属性的 div 节点
/div[@class="content"]/node()	获取 class 为 content 的 div 节点下的所有节点
/div[@class="content"]/text()	获取 class 为 content 的 div 节点下的所有文本
/a/@href	获取 a 节点中 href 属性的值

例如，使用 genspider 命令创建一个新的爬虫文件 XpathSpider，再使用 XPath 获取节点信息，代码如下所示。

```python
import scrappy
# 从 scrapy.selector 中导入 Selector
from scrapy.selector import Selector
class XpathspiderSpider(scrappy.Spider):
    name = 'XpathSpider'
    allowed_domains = ['top.chinaz.com']
    start_urls = ['http://top.chinaz.com']
    def parse(self, response):
        # 构造 Selector 实例
        sel=Selector(response)
        # 解析 HTML
        # 获取 div
```

```
div=sel.xpath('//div[@class="MainList01 pt20 pb10 clearfix"]/div')
# 遍历结果
for a in div:
    # 获取每个 div 下 a 中包含的文本
    name=a.xpath('./div/ul/li/span/a[@target="_blank"]/text()')
    print("--------------------------")
    print(name)
```

结果如图 5-19 所示。

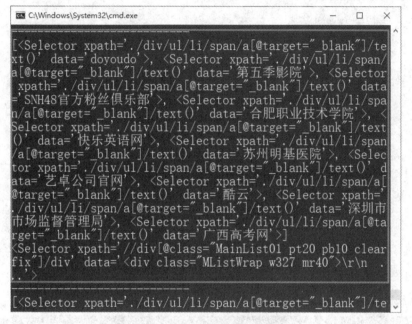

图 5-19　XPath 选择器获取节点信息

通过观察结果为图 5-19 的示例可以看出，通过 text()方法获取的文本存在于 Selector 中，需要通过 Scrapy 提供的相关方法从 Selector 中提取到节点的信息。目前，Scrapy 提供了四种提取信息的方法，如表 5-14 所示。

表 5-14　XPath 选择器操作方法

方　　法	描　　　述
extract_first()或 get()	提取第一个结果
extract()或 getall()	提取全部结果

其中，extract_first()或 get()方法总是返回一个结果，不管有多少匹配项，都返回第一个匹配项的内容；如果没有匹配项，则返回 None。而 extract()或 getall()则会以列表的形式返回所有结果。

例如，使用 extract()方法获取结果为图 5-19 的示例的 name 中包含的所有结果，代码如下所示。

```
import scrappy
# 从 scrapy.selector 中导入 Selector
from scrapy.selector import Selector
class XpathspiderSpider(scrapy.Spider):
    name = 'XpathSpider'
    allowed_domains = ['top.chinaz.com']
    start_urls = ['http://top.chinaz.com']
    def parse(self, response):
        # 构造 Selector 实例
        sel=Selector(response)
        # 解析 HTML
        # 获取 div
        div=sel.xpath('//div[@class="MainList01 pt20 pb10 clearfix"]/div')
        # 遍历结果
        for a in div:
            # 获取每个 div 下 a 中包含的文本
            name=a.xpath('./div/ul/li/span/a[@target="_blank"]/text()')
            print("--------------------------")
            print(name.extract())
```

结果如图 5-20 所示。

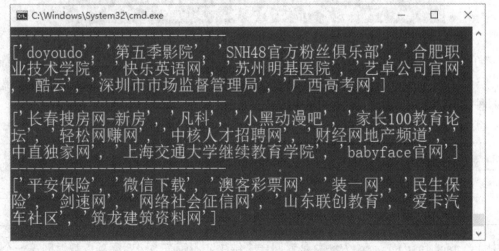

图 5-20　XPath 选择器提取数据

二、CSS 选择器

与 XPath 选择器相比，CSS 选择器主要通过节点包含属性以及节点之间的关系定位信息并提取数据。CSS 选择器通过 css()方法实现，获取结果为 Selector 格式，且接受表达式作为参数。常用符号和方法如表 5-15 所示。

表 5-15　常用 CSS 选择器表达式

符号和方法	描　　述	示　　例
*	选取所有节点	div *：选取 div 下所有子节点
#	选取 id 节点	#container：选取 id 为 container 的节点
.	选取 class 节点	.container：选取 class 包含 container 的所有节点
nodeName	选取所有 nodeName 元素，多个元素之间通过逗号"，"连接	div, p：选取所有 div 元素和 p 元素
空格	选取指定节点下所有节点	li a：选取所有 li 下所有 a 节点
+	选取指定节点后面的第一个元素	ul + p：选取 ul 后面的第一个 p 元素
>	选取指定节点的第一个子元素	div#container > ul：选取 id 为 container 的 div 的第一个 ul 子元素
~	选取指定节点相邻的所有元素	ul~p：选取与 ul 相邻的所有 p 元素
nodeName[属性]	选取所有包含指定属性的 nodeName 元素	a[title]：选取含有 title 属性的所有 a 元素
nodeName[属性=值]	选取符合属性值的所有 nodeName 元素	a[href="http://baidu.com"]：选取 href 属性为 http://baidu.com 的所有 a 元素
nodeName[属性*=值]	选取属性值中包含指定值的所有 nodeName 元素	a[href*="baidu"]：选取 href 属性值中包含 baidu 的所有 a 元素
nodeName[属性^=值]	选取属性值中以指定值为开头的所有 nodeName 元素	a[href^="http"]：选取 href 属性值以 http 开头的所有 a 元素
nodeName[属性$=值]	选取属性值中以指定值为结尾的所有 nodeName 元素	a[href$=".png"]：选取 href 属性值以.png 结尾的所有 a 元素
:checked	选取表单中的选中元素	/input[type=radio]:checked：选取选中的 radio 的元素
nodeName:not()	选取不包含指定内容的所有 nodeName 元素	div:not(#container)：选取所有 id 不为 container 的所有 div 元素
nodeName:nth-child(n)	选取第 n 个 nodeName 元素	li:nth-child(3)：选取第三个 li 元素
nodeName::attr(属性)	获取 nodeName 的属性值	a::attr(href)：获取 a 标签的 href 属性
nodeName::text	获取 nodeName 下的文本	a::text：获取 a 标签包含文本

CSS 选择器获取结果同样为 Selector 格式，且需要使用信息提取方法获取 Selector 包含数据，包含方法与 XPath 选择器相同。

例如，使用 genspider 命令创建一个新的爬虫文件 CSSSpider，再使用 CSS 选择器获取节点信息，代码如下所示。

```python
import scrappy
# 从 scrapy.selector 中导入 Selector
from scrapy.selector import Selector
class CssspiderSpider(scrapy.Spider):
    name = 'CSSSpider'
    allowed_domains = ['top.chinaz.com']
    start_urls = ['http://top.chinaz.com/']
    def parse(self, response):
        # 构造 Selector 实例
        sel=Selector(response)
        # 解析 HTML
        # 获取 div
        div=sel.css('div.MainList01 div.MListWrap')
        # 遍历结果
        for a in div:
            # 获取每个 div 下 a 中包含的文本
            name=a.css('div ul li span a[target="_blank"]::text')
            print("---------------------------")
            print(name.getall())
```

结果如图 5-21 所示。

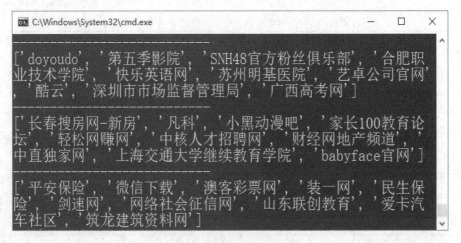

图 5-21 CSS 选择器提取数据

✍【任务实施】

通过以下几个步骤，使用选择器解析 Response 对象包含文本。

第一步：页面解析。在 parse()方法中解析 Response，并构造 Selector 实例和招聘信息的 Item 容器对象，代码如下所示。

```python
import scrappy
# 从 scrapy.selector 中导入 Selector
from scrapy.selector import Selector
# 导入 items.py 文件中定义的类
from JobScrapy.items import JobtItem
class JobSpider(scrapy.Spider):
    name = 'job'
    allowed_domains = ['liepin.com']
    start_urls = ['https://www.liepin.com/zhaopin/']
    def parse(self, response):
        # 构造 Selector 实例
        sel = Selector(response)
        # 构造招聘信息的 Item 容器对象
        item = JobtItem()
```

第二步：提取数据。通过 CSS 选择器和 XPath 选择器提取页面中的数据，包括岗位名称、薪资、工作地点、所需学历、所需经验和工作单位，并交给管道进行进一步处理，代码如下所示。

```python
        # 岗位名称
        name=[]
        title= sel.css("div.job-info h3 a::text").extract()
        # 遍历岗位
        for i in title:
            # 去除\t 和\n 字符
            name.append(i.replace("\t","").replace("\n",""))
        item["title"]=name
        print(item["title"])
        # 薪资
        item["salary"] = sel.css('span.text-warning::text').extract()
        print(item["salary"])
        # 工作地点
        item["location"] = sel.xpath('//p[@class="condition clearfix"]/span[@class="area"]
/text() | //p[@class="condition clearfix"]/a[@class="area"]/text()').extract()
        print(item["location"])
```

```
# 所需学历
item["education"] = sel.css('span.edu::text').extract()
print(item["education"])
# 所需经验
item["experience"] = sel.css('p.condition span:nth-child(4)::text').extract()
print(item["experience"])
# 工作单位
item["unit"] = sel.css('p.company-name a::text').extract()
print(item["unit"])
# 交给管道文件
yield item
```

结果如图 5-22 所示。

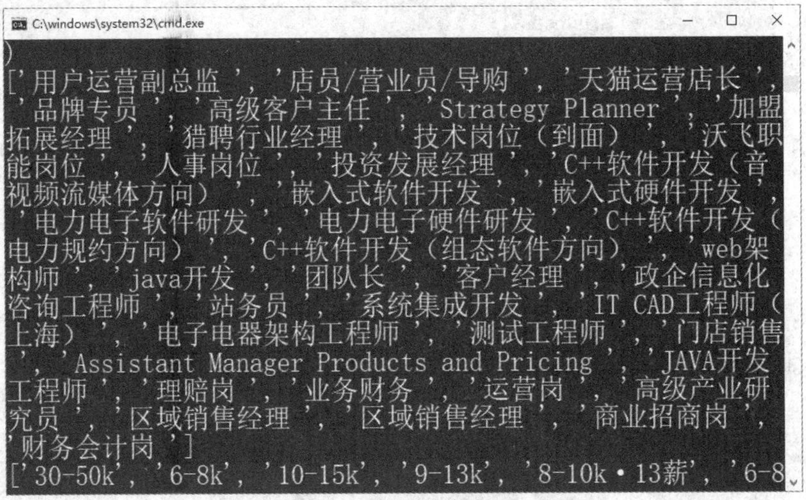

图 5-22　提取数据

第三步：多页提取。对下一页内容进行爬取，只需判断下一页的所在标签的 href 属性是否存在下一页的 url 地址，如不存在下一页的 url，则构造下一页的 url 地址，并通过 scrapy.Request()方法提交请求，代码如下所示。

```
# 获取下一页的 url 地址
next_url =
sel.xpath("//div[@class='pager']/div[@class='pagerbar']/a[last()-1]/@href").extract_first()
# 判断若不是最后一页
if next_url!="javascript:;":
    # 构造下一页 url
    url="https://www.liepin.com/"+next_url
    # 构造下一页招聘列表信息的爬取
    yield scrapy.Request(url=url, callback=self.parse)
```

结果如图 5-23 所示。

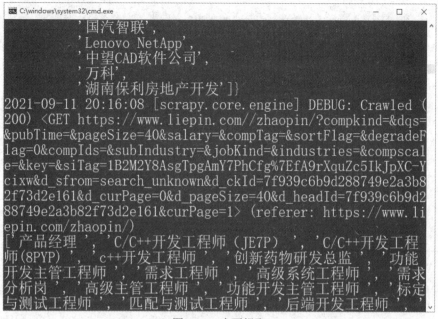

图 5-23　多页提取

任务4　内容存储

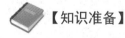【任务描述】

数据获取完成后，可以将其保存到本地文件或数据库中。本任务将提取后的数据通过 Scrapy 管道保存到 MySQL 数据库中，主要内容如下所示：

(1) 创建数据表；

(2) 修改配置文件；

(3) 存储数据；

(4) 数据查看。

【知识准备】

在 Scrapy 框架中，除使用 rawl 命令的 "-o" 参数将数据保存到本地 JSON、CSV 等文件中，还可以通过管道实现数据的存储，且不仅可以将数据存储到本地文件中，还可以实现数据库存储数据。

一、内容存储准备

Scrapy 要使用管道，需要事先修改 settings.py 文件，添加 ITEM_PIPELINES 参数，代码如下所示。

```
ITEM_PIPELINES = {
    'ScrapyProject.pipelines.ScrapyprojectPipeline': 300,

}
```

参数说明如表 5-16 所示。

表 5-16　ITEM_PIPELINES 参数说明

参　数	描　述
ScrapyProject	项目名称
pipelines	管道文件名称
ScrapyprojectPipeline'	管道中包含的类名称
300	执行管道的优先级，值为 0～1000，数字越小，管道的优先级越高，优先调用

除了设置管道参数，为了使管道发生作用，还需在编写代码时，通过 yield 将实例化后的 Item 对象传递到管道文件(pipelines.py)并做进一步处理，如数据格式的整理、数据的存储等，代码如下所示。

```
yield item
```

yield 除了传递 Item 对象，还可用于发送 HTTP 请求，并且通过 callback 指定回调函数处理响应中包含的数据，主要使用于多页数据的爬取，代码如下所示。

```
yield scrapy.Request(url, callback=self.parse)
```

二、内容存储

与爬虫文件类似，在项目创建完成后，pipelines.py 文件中同样包含了内置代码。内置代码如下所示。

```
class ScrapyprojectPipeline:
    def process_item(self, item, spider):
        return item
```

关于数据操作的相关内容只需放入 process_item()方法中，再通过"item["字段"]"获取字段的值后，即可进行数据的存储。相关参数说明如表 5-17 所示。

表 5-17　process_item()参数说明

参　数	描　述
item	yield 传送的 Item 对象
spider	抓取 Item 对象的 Spider

在 pipelines.py 的类中，除了 process_item()方法对数据处理，pipelines.py 还提供了一些作用不同的方法。常用方法如表 5-18 所示。

表 5-18　pipelines.py 常用方法

方　　法	描　　述
__init__(self):	初始化方法，在运行该管道时被调用，可以在方法中进行一些诸如文件的创建、数据库的连接、游标的创建等操作
open_spider(self, spider)	Spider 打开时被调用
close_spider(self, spider)	Spider 关闭时被调用

【任务实施】

通过以下几个步骤，将提取后的数据通过 Scrapy 管道保存到 MySQL 数据库中。

第一步：创建数据表。在"mysql"数据库中创建一个用于存储数据的表"job"，代码如下所示。

```
CREATE TABLE "job" (
    "id" int(11) NOT NULL AUTO_INCREMENT,
    "title" varchar(255) DEFAULT NULL,
    "salary" varchar(255) CHARACTER SET utf8 COLLATE utf8_unicode_ci DEFAULT NULL,
    "location" varchar(255) DEFAULT NULL,
    "education" varchar(255) DEFAULT NULL,
    "experience" varchar(255) DEFAULT NULL,
    "unit" varchar(255) DEFAULT NULL,
    PRIMARY KEY ("id")
) ENGINE=InnoDB DEFAULT CHARSET=utf8;
```

第二步：修改配置文件。进入 settings.py 文件，添加 ITEM_PIPELINES 参数，代码如下所示。

```
ITEM_PIPELINES = {
    'JobScrapy.pipelines.JobscrapyPipeline': 300,
}
```

第三步：存储数据。首先导入 PyMySQL 模块，再在 pipelines.py 的 JobscrapyPipeline 类中添加初始化方法进行数据库的连接，然后修改 process_item()方法，添加容错处理后将数据存储在 MySQL 中，最后在 close_spider()方法中关闭数据库连接，代码如下所示。

```
import pymysql
class JobscrapyPipeline:
    # 初始化
    def __init__(self):
        # 连接 MySQL 数据库
        self.connect=pymysql.connect(host="localhost", user="root", password="123456",
database="mysql", charset='utf8')
```

```
        # 创建游标
        self.cursor = self.connect.cursor()
    def process_item(self, item, spider):
        # 容错处理
        title = item.get("title", "N/A")
        salary = item.get("salary", "N/A")
        location = item.get("location", "N/A")
        education = item.get("education", "N/A")
        experience = item.get("experience", "N/A")
        unit = item.get("unit", "N/A")
        # 遍历数据
        for i in range(int(len(title))):
            # 插入数据
            sql = "insert into job(title,salary,location,education,experience,unit)
values(%s,%s,%s,%s,%s,%s)"
            self.cursor.execute(sql,(title[i], salary[i], location[i], education[i], experience[i],
unit[i]))
            # 提交 sql 语句
            self.connect.commit()
        return item
    def close_spider(self, spider):
        # 关闭数据库连接
        self.connect.close()
        print("数据库连接已关闭！")
```

结果如图 5-24 所示。

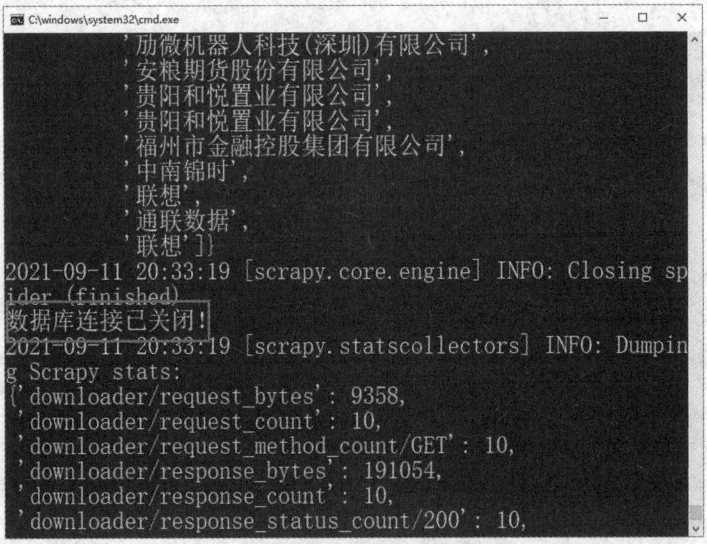

图 5-24　数据存储

第四步：数据查看。进入 MySQL 命令窗口，查看数据表 job 的前 5 条数据对数据存储是否成功进行验证，代码如下所示。

```
mysql -hlocalhost -uroot -p123456
mysql> use mysql;
mysql> select * from job limit 5;
```

结果如图 5-25 所示。

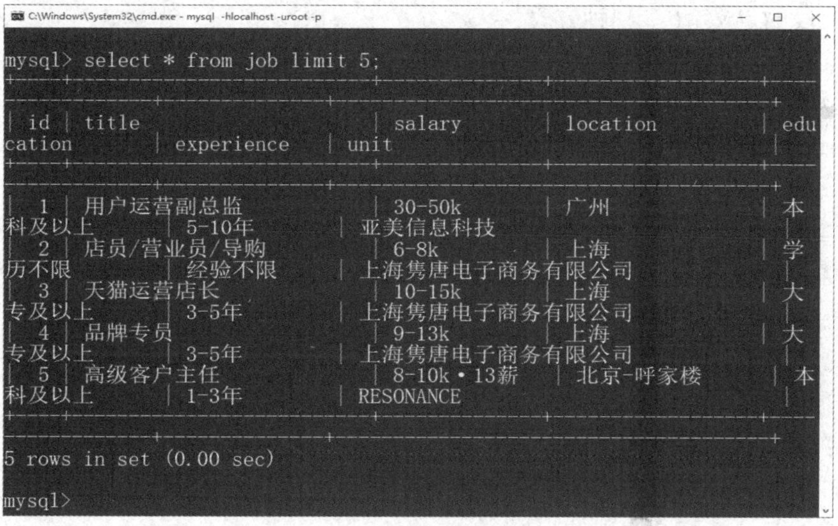

```
C:\Windows\System32\cmd.exe - mysql  -hlocalhost -uroot -p
mysql> select * from job limit 5;
| id | title              | salary      | location       | education | experience | unit
| 1  | 用户运营副总监       | 30-50k      | 广州            | 本科及以上  | 5-10年     | 亚美信息科技
| 2  | 店员/营业员/导购     | 6-8k        | 上海            | 学历不限    | 经验不限    | 上海隽唐电子商务有限公司
| 3  | 天猫运营店长         | 10-15k      | 上海            | 大专及以上  | 3-5年      | 上海隽唐电子商务有限公司
| 4  | 品牌专员            | 9-13k       | 上海            | 大专及以上  | 3-5年      | 上海隽唐电子商务有限公司
| 5  | 高级客户主任         | 8-10k·13薪   | 北京-呼家楼      | 本科及以上  | 1-3年      | RESONANCE
5 rows in set (0.00 sec)
mysql>
```

图 5-25 数据查看

小 结

通过对本单元的学习，完成网页数据爬取与存储，并在实现过程中，了解了 Scrapy 概念和操作指令的使用，熟悉了字段定义及参数设置，掌握了 Scrapy 中网页数据的解析和内容存储的实现。

总 体 评 价

通过学习本任务，看自己是否掌握了以下技能，在技能检测表中标出已掌握的技能。

评价标准	个人评价	小组评价	教师评价
(1) 是否能够创建 Scrapy 项目			
(2) 是否能够定义字段、设置参数			
(3) 是否能够使用 XPath、CSS 选择器提取数据			
(4) 是否能够将存储提取的数据			

注：A 表示能做到；B 表示基本能做到；C 表示部分能做到；D 表示基本做不到。

课 后 习 题

一、选择题

(1) 下列 Scrapy 操作指令中，用于创建项目的是(　　)。

A. genspider　　　　B. crawl　　　　C. list　　　　D. startproject

(2) 字段的定义有(　　)种方式。

A. 一　　　　B. 二　　　　C. 三　　　　D. 四

(3) 以下不属于 Scrapy 通用参数的是(　　)。

A. scrapy.Spider　　　　B. CrawlSpider　　　　C. XMLFeedSpider　　　　D. Spider

(4) 在 Scrapy 中，提供了(　　)种用于解析文本的选择器。

A. 一　　　　B. 二　　　　C. 三　　　　D. 四

(5) 在 Scrapy 框架中，除了使用 rawl 命令的(　　)参数将数据保存到本地 JSON、CSV 等文件中。

A. -o　　　　B. -a　　　　C. -p　　　　D. -d

二、简答题

(1) 简述 Scrapy 框架的优缺点。

(2) 简述 Scrapy 项目包含的文件及其作用。

(3) 简述 Scrapy 爬虫实现的步骤。

学习单元六　Matplotlib 可视化数据分析

项目概述

　　数据分析是发现数据中隐含信息的方式，通过数据分析能够将收集到的大量数据进行分析，并加以汇总、理解、消化以及展示，以求最大化地开发数据的功能，发挥数据的作用。Python 中提供了 Matplotlib 数据分析工具，该工具主要采用可视化图形的方式展示数据，以提供给数据分析人员进行数据分析。本单元主要介绍使用 Matplotlib 绘制图表和对各种图表的数据进行分析的方法，并结合特定的应用场景分别介绍每种图表的主要特点、包含的重要参数以及如何从图表中分析出有价值信息的方法。

思维导图

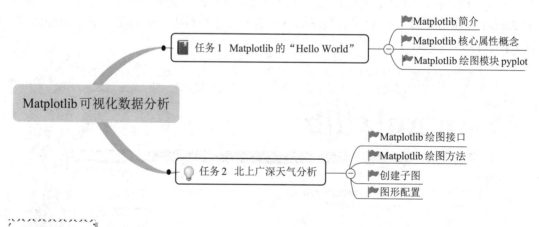

Matplotlib 可视化数据分析

任务1　Matplotlib 的 "Hello World"
- Matplotlib 简介
- Matplotlib 核心属性概念
- Matplotlib 绘图模块 pyplot

任务2　北上广深天气分析
- Matplotlib 绘图接口
- Matplotlib 绘图方法
- 创建子图
- 图形配置

思政聚焦

　　数据分析是一把双刃剑，人们通过各种技术手段搜集大数据信息而形成的大数据库中经常包含个人信息，这些信息在被正常合法利用的同时也存在被滥用的危险。数据分析的意义表现在多个方面。比如，在企业经营管理中进行数据分析，可加强企业管理，提高管理水平，实现企业简化管理，提高管理效率，提高经济效益，增强核心竞争力，提高服务质量等。数据分析工作，不仅要求数据分析人员具有过硬的数据分析知识，还要求他们具备较高的法律意识和责任意识，数据分析人员不应只关注数据本身，还要考虑数据的准确性、保密性、安全性等。

任务 1　Matplotlib 的 "Hello World"

【任务描述】

本任务将安装 Matplotlib，安装完成以后使用 Matplotlib 实现折线图，并对每两个小时的空气温度进行可视化展示，主要内容如下：

(1) 安装 Matplotlib，成功调用 Matplotlib 库；

(2) 设置温度数据集；

(3) 编写代码，绘制图表。

【知识准备】

一、Matplotlib 简介

Matplotlib 是一个 Python 的 2D 绘图库，具有功能强大、用法简单等特点，能够与 NumPy 和 Pandas 等库结合起来做数据的可视化分析，并在多个平台中生成高质量图片。Matplotlib 的官网如图 6-1 所示。

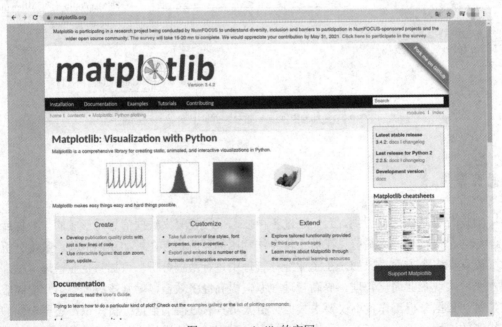

图 6-1　Matplotlib 的官网

　　Matplotlib 诞生的意义和主旨都是为了让事情变得更加容易，让困难的事情变得可能实现。因此，它在设计上非常简洁，初学者往往只需要几行代码就能实现一个 Matplotlib 图表的绘制。

　　Matplotlib 的安装和其他 Python 库的安装方法基本一致，都是使用 Python 的包管理工具 pip 进行安装。安装命令如下：

```
pip install Matplotlib
```

　　在控制台运行这行命令，出现如图 6-2 所示的结果即为安装成功。

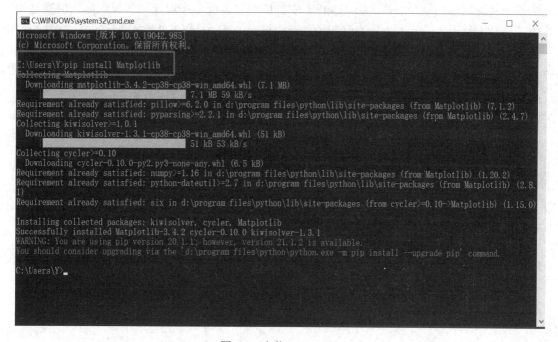

图 6-2　安装 Matplotlib

二、Matplotlib 核心属性概念

　　Matplotlib 中有多种绘图属性，以下几种属性在 Matplotlib 数据可视化时最为重要，对于掌握绘图的实现是必不可少的，初学者需要熟悉其含义和作用。

　　Figure：表示整个图形，可理解为一个画布。在整个绘图过程中的第一步就是创建画布，再向画布中添加各种元素。

　　Axes：表示图像的区域和数据空间。一个给定的图形可以包含多个轴，但是一个给定的轴对象只能在一个图形中。轴包含两个(在 3D 情况下包含三个)轴对象，这些对象负责数据限制。每个轴都有一个标题、一个 x 标签和一个 y 标签。

　　Axis：表示坐标轴线，是数字线状的物体。坐标轴线负责设置图形限制并生成记号(轴上的标记)和记号标签(标记记号的字符串)。记号的位置由定位器对象确定，ticklab 字符串由格式化程序格式化。正确的定位器和格式化程序的组合可以很好地控制记号的位置和标签。

Artist：表示基本元素，即能在图形上看到的一切都是 Artist (甚至图形、轴和轴对象)。Artist 包括文本对象、Line2D 对象、集合对象等。当这些对象被渲染时，所有的 Artist 都被画到画布上。大多数 Artist 都受控于 Axes，这样的 Artist 不能被多个轴共享，也不能从一个轴移动到另一个轴。

三、Matplotlib 绘图模块 pyplot

pylot 是 Matplotlib 中一个具有命令风格的函数式集合，能够通过类似命令的方式调用函数来实现图形的绘制工作。Matplotlib 中的所有内容都是按层次结构组织的。层次结构的顶部是 matplotlib.pyplot(pyplot 绘图层)模块提供的 Matplotlib "状态机环境"。在这个层次上，简单的函数用于将绘图元素(线、图像、文本等)添加到当前图形的当前轴上。

使用 pyplot 生成可视化的图例非常简单，需要先引入 matplotlib.pyplot 模块，再使用 pylot 中的函数绘制想要的图形。下面以绘制线图为例介绍如何使用 pylot 绘制图像，代码如下所示。

```
import matplotlib.pyplot as plt
plt.plot([1, 2, 3, 4])
plt.show()
```

结果如图 6-3 所示。

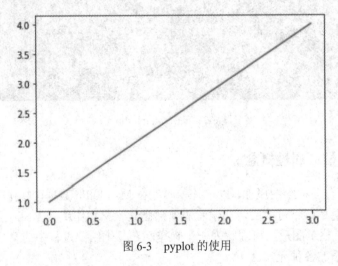

图 6-3　pyplot 的使用

【任务实施】

Matplotlib 的安装和其他 Python 库的安装基本一致，都是使用 Python 的包管理工具 pip 进行安装。安装命令如下所示。

```
pip install Matplotlib
```

在控制台运行这行命令，出现如图 6-4 所示的结果即为安装成功。

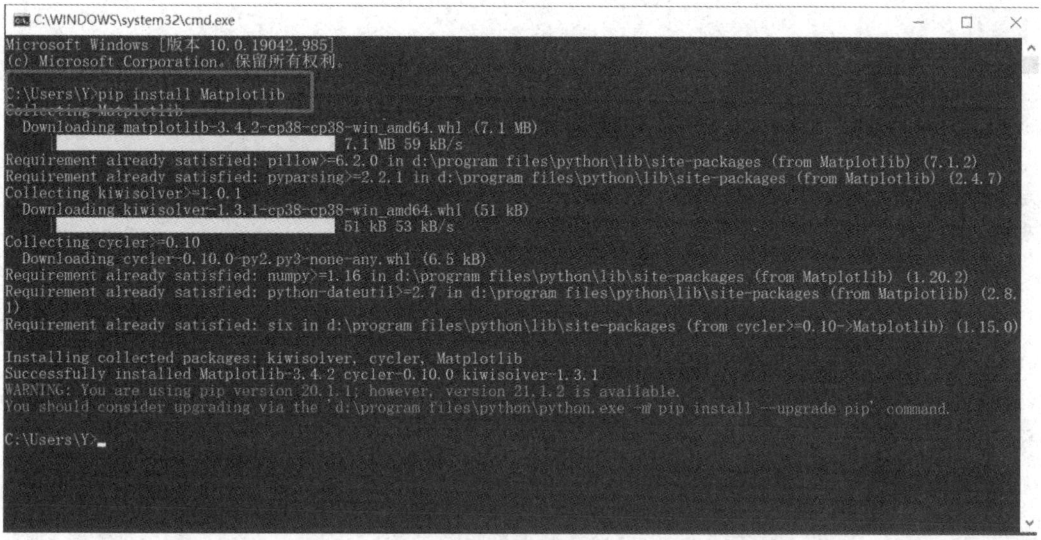

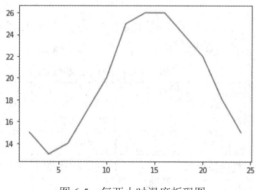

图 6-4　安装 Matplotlib

Matplotlib 安装完成后，可以通过简单使用来进行验证。Matplotlib 的简单使用如下所示。

```
# 引入相关库
import matplotlib
import matplotlib.pyplot as plt
x = range(2, 26, 2)
# 每两个小时的温度
y = [15, 13, 14, 17, 20, 25, 26, 26, 24, 22,18, 15]
# 绘图
plt.plot(x,y)
# 显示
plt.show()
```

验证代码运行之后，在 Jupyter 当中输出一个二维的折现图(见图 6-5)，这标志着 Matplotlib 安装成功。

图 6-5　每两小时温度折现图

任务 2 北上广深天气分析

【任务描述】

本次任务是使用 Matplotlib 的绘图方法，结合之前学习的 NumPy 和 Pandas 等库的使用来实现北上广深四大城市的天气分析，其中涉及文件的读取合并、数据的筛选清洗、数据的分组分析和聚合、折线图的绘制、箱线图的绘制等。本次任务的主要内容如下：

(1) 读取数据文件，合并数据；

(2) 清洗整理数据集，筛选数据；

(3) 编写代码，绘制图表，进行分析。

【知识准备】

一、Matplotlib 绘图接口

Matplotlib 提供了两种编程接口模式，分别为 PyPlot 编程接口(state-based)和面向对象的编程接口(object-based)。

1. PyPlot 编程接口

PyPlot 封装了用于绘图的底层函数并提供了一种绘图环境。导入 PyPlot 模块，使用 plt.plot()绘制图形时，默认自动创建 Figure 以及 Axes 等对象以支持图形的绘制。这样做的优点在于屏蔽了一些底层通用的绘图对象的创建细节，使操作更加简捷。

2. 面向对象的编程接口

面向对象的编程接口需要手动创建画布(FigureCanvas)、图对象(Figure)、Axes，所有对象组合才能完成一次完整的绘图工作。面向对象的编程接口的优点在于能够完整地控制绘图过程。与 PyPlot 接口相比，面向对象接口需要编写更多代码。

二、Matplotlib 绘图方法

Matplotlib 针对不同的图形，内置了不同的绘图函数，通过调用不同的绘图函数可以绘制出折线图、条形图、散点图、箱形图和热力图等。Matplotlib 常用绘图方法如表 6-1 所示。

表 6-1 Matplotlib 常用绘图方法

方　法	说　明	方　法	说　明
plt.plot()	绘制折线图	plt.violinplot()	绘制小提琴图
plt.bar()	绘制纵向条形图	plt.pie()	绘制饼图
plt.barh()	绘制横向条形图	plt.scatter()	绘制散点图
plt.boxplot()	绘制箱形图	plt.hist()	绘制直方图

1．折线图

折线图的作用是展示随时间变化而变化的连续性数据，适用于需要显示相等时间间隔下数据趋势的场景。男生和女生随逛街时间的心情变化趋势如图 6-6 所示。

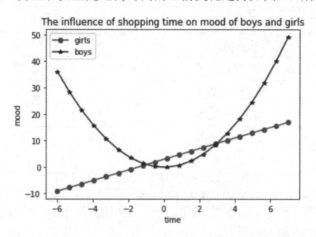

图 6-6　男女随逛街时间的心情变化趋势

从图 6-6 中可以看出，女生在逛街时随着时间的变化，心情指数会逐渐提高，而男生在整个逛街的初期会呈现心情指数下降的情况，到后期逛街行为接近结束时心情指数会有所提高。由此得知，男生对逛街这一行为并不感兴趣。

Matplotlib 中用于绘制折线图的函数为 plot()，语法格式如下所示。

```
plt.plot(x, y, format_string,**kwargs)
```

参数说明如下所示。

(1) x：可选参数，x 轴的数据，可以是列表或数组。

(2) y：y 轴数据，可以是列表或数组。

(3) format_string：可选参数，控制曲线的格式字符串。

(4) **kwargs：第二组或更多(x,y,format_string)，可画多条曲线。

参数中的 format_string 由颜色字符、风格字符、标记字符组成，如表 6-2 至表 6-4 所示。

表 6-2　颜 色 字 符

字　符	描　述	字　符	描　述
'b'	蓝色	'm'	品红
'g'	绿色	'y'	黄色
'r'	红色	'k'	黑色
'c'	青色	'w'	白色

表 6-3　风 格 字 符

字　符	描　述	字　符	描　述
'-'	实线	'-.'	点线
'--'	虚线	':'	点虚线

表 6-4　标 记 字 符

字　符	描　述	字　符	描　述
'.'	点	'*'	星型
','	像素	'h'	1 号六角形
'o'	圆形	'H'	2 号六角形
'v'	朝下的三角形	'+'	+号标记
'^'	朝上的三角形	'x'	x 号标记
'<'	朝左的三角形	'D'	钻石形
'>'	朝右的三角形	'd'	小版钻石形
's'	正方形	'|'	垂直线形
'p'	五角形	'_'	水平线行

　　编写代码生成男生和女生的逛街时间对心情的影响，红色圆形实线代表女生，蓝色星形实线代表男生，代码如下所示。

```
import matplotlib.pyplot as plt
import numpy as np
#生成的数据
n = np.linspace(-6, 7, 20)
m1 = 2 * n + 3
m2 = n ** 2
#绘制图形
plt.plot(n, m1, color='r', linewidth=1.5, linestyle='-')
plt.plot(n, m2, 'b')
```

结果如 6-7 所示。

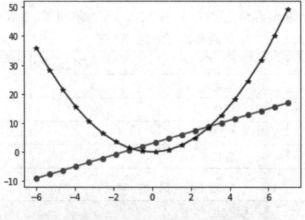

图 6-7　男女逛街时间对心情的影响

　　图 6-7 中虽然清晰地表述出了男生和女生逛街的心情随时间变化的信息，但对不了解代码的人来说很难分清图中两条线分别表示什么含义，x 轴和 y 轴分别是什么信息，整个

图想表达的内容是什么。因此，需要对图添加一些描述信息以提高图的可读性，如标题信息、x 轴和 y 轴的含义，以及每条线表示的含义。

(1) 标题信息。

标题信息是一个图标的重要组成部分，通过标题信息能够了解当前图标想要表达的含义。为图标添加标题信息的方法为 plt.title()，括号中直接添加 String 类型的信息即可。为男生、女生逛街时间对心情的影响添加标题信息，代码如下所示。

```
plt.title('The influence of shopping time on mood of boys and girls')
```

结果如图 6-8 所示。

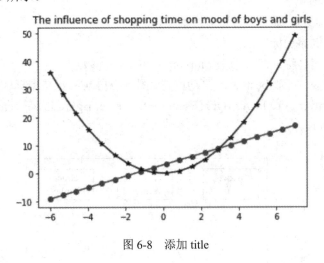

图 6-8　添加 title

(2) 轴信息。

PyPlot 提供了两个方法，用于设置 x 和 y 轴的描述信息，plt.xlabel 设置 x 轴信息，plt.ylabel 设置 y 轴描述信息，其设置方法与 plt.title 一致。为男生、女生逛街时间对心情的影响设置 x 与 y 轴的描述代码如下：

```
plt.xlabel('time')
plt.ylabel('mood')
```

结果如图 6-9 所示。

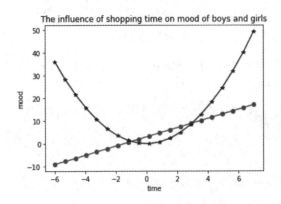

图 6-9　添加 x 与 y 轴描述信息

(3) 图例名称。

每条线表示的含义一般称为图例名称。设置图例名称的方式有两种: 第一种通过向 plot 方法中传入 label 参数来实现, label 参数接收一个 String 类型的字符序列作为当前图例的名称, 再使用 plt.legend()方法使其生效; 第二种是使用 plt.legend()方法向线实例对象添加图例名称, plt.legend()方法需要在其他图标设置完成后使用。plt.legend()方法的语法格式如下所示。

```
plt.legend(handles,title,labels,loc)
```

参数说明如下所示。

① handles: 需要所画线条的实例对象集合。

② title: 为图例添加标题。

③ labels: 图例名称, 能够覆盖 plt.plot()中的 label 参数值。

④ loc:图例位置, 可取 best(表示自动位置, 图例会自动放置在图标较少的位置)、upper right、upper left、lower left、lower right、center left、center right、lower center、upper center。图例位置如图 6-10 所示。

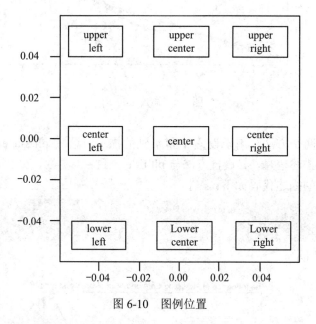

图 6-10　图例位置

使用第一种方式设置图例。在 plt.plot()方法中添加 label 参数设置图例, 再使用 plt.legend()方法生效, 代码如下所示。

```
plt.plot(n, m1,'r-o',label='girls')
plt.plot(n, m2, 'b-*',label='boys')
plt.legend()
```

使用第二种方式设置图例。将两条线分别赋值给两个实例, 取名为 line1 与 line2, 使用 plt.legend()方法设置图例, 代码如下所示。

```
line1,=plt.plot(n, m1,'r-o')
line2,=plt.plot(n, m2, 'b-*')
plt.legend(handles=[line1,line2],labels=['girls','boys'],loc='best')
```

2. 条形图

条形图(bar chart)是用宽度相同的条形的高度或长短来表示数据多少的图形。条形图可以横向放置或纵向放置。分别使用横向条形图和纵向条形图展示天津 2000 年至 2004 年的降雨量，如图 6-11 所示。

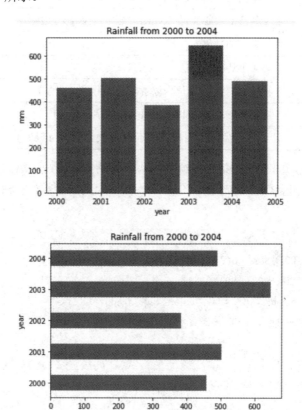

图 6-11　2000—2004 年天津降雨量

从图 6-11 可以直观地看出，在 2000—2004 年间，降雨量最多的年份是 2003 年，超过了 600 mm，其次是 2001 年，超过了 500 mm。

Matplotlib 中用于绘制条形图的函数为 bar()(纵向条形图)和 barh()(横向条形图)，代码如下所示。

```
plt.bar(x, height, width=0.8, bottom=None, align=' enter', color= 'b', edgecolor='b', linewidth=None, tick_label=None,log='False')
plt.bar(x, height, width=0.8, left=None, align=' enter', color= 'b', edgecolor='b', linewidth=None, tick_label=None,log='False')
```

参数说明如表 6-5 所示。

表 6-5　条形图参数说明

参　　数	说　　　　　　明
x	x 坐标(int，float)
height	条形的高度(int，float)
width	条形的宽度(0~1，默认 0.8)
bottom	纵向条形图中条形在 y 轴的起始位置
Left	横向条形图中条形在 x 轴的起始位置
align	条形的中心位置 "center" 居中，"edge" 边缘
color	条形的颜色
edgecolor	条形边框的颜色
linewidth	边框的宽度(单位为像素，默认无，int 类型)
tick_label	下标的标签(可以是元组类型的字符组合)
log	y 轴使用科学计算法表示(bool 类型默认为 False)

　　分别使用纵向条形图和横向条形图绘制出 4 个月的支出情况，纵向条形图使用 x 轴作为月份，y 轴作为支出金额；横向条形图使用 x 轴作为支出金额，y 轴作为月份，代码如下所示。

```
# 数据
rainfall = [458.8, 502.9, 383.1, 647.5, 490.5]
year = [2000,2001,2002,2003,2004]
# 绘图 x x 轴，  height 高度，默认：color="blue", width=0.8
p1 = plt.bar(year, height=rainfall, width=0.8, align='edge')
plt.xlabel('year')
plt.ylabel('mm')
plt.title('Rainfall from 2000 to 2004')
# 展示图形
plt.show()
# 绘图 y= y 轴，  left= 水平条的底部，  height 水平条的宽度，  width 水平条的长度
p1 = plt.barh(year, left=0, height=0.5, width=rainfall)
plt.xlabel('mm')
plt.ylabel('year')
plt.title('Rainfall from 2000 to 2004')


# 展示图形
plt.show()
```

3. 箱形图与小提琴图

箱形图又被称为盒须图、盒式图、盒状图或箱线图等，因形状似箱子而得名，主要应

用于显示一组数据的分散情况的统计图。箱形图在各种领域也经常被使用，常用于品质管理。箱线图中主要包含了六个核心元素，如图 6-12 所示。

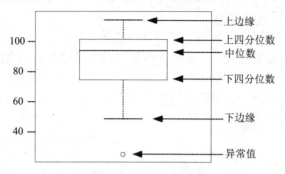

图 6-12　箱线图图解

图 6-12 中上四分位数(Q3)、中位数(Q2)、下四分位数(Q1)统称为四分位数，在进行四分位数计算前要对数据序列进行从小到大排序。四分位数的计算公式如下所示。

Qi=i(n+1)/4

其中，n 表示序列中的项数，四分位数说明如下所示。

(1) 中位数(Q2)：是指一组数据排序完成后处于 50%位置的数。

(2) 上四分位数(Q3)：是指一组数据排序完成后处于 75%位置的数。

(3) 下四分位数(Q1)：是指一组数据排序完成后处于 25%位置的数。

图 6-12 中上边缘与下边缘分别表示非异常范围内的最大值和最小值,计算上边缘与下边缘前要计算出四分位距(IQR)。四分位距计算公式如下所示。

IQR=Q3-Q1

从而得出上边缘与下边缘的计算公式如下所示。

上边缘=Q3+1.5IQR

下边缘=Q1-1.5IQR

异常值是指大于上边缘和小于下边缘的数据。

例如，使用箱形图展示保险公司对是否吸烟人群做出的保费情况，如图 6-13 所示。

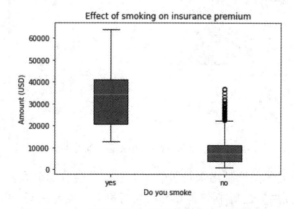

图 6-13　箱形图分析是否吸烟对保费的影响

从图 6-13 中可以清晰地看出，吸烟人群报保险的数量和金额远大于不吸烟人群，并且保险金额大部分在 2 万美元到 4 万美元之间，最多的保险金额已经超过了 6 万美元；而不吸烟人群报保险的金额与人数较少。

小提琴图的特点是可以展示多组数据的分布状态及概率密度。虽然与箱形图类似，但小提琴图能够更好地展示密度关系，适用于数据量较大且集中展示数据密度的情况。小提琴图如图 6-14 所示。

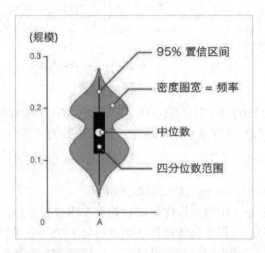

图 6-14　小提琴图图解

图 6-14 中黑色区域表示四分位数的范围(与箱形图含义一致，白点表示中位数，黑色区域上边缘和下边缘分别表示上四分位数和下四分位数)，黑色线条为 95%的置信区间，曲线区域内表示数据的密度。例如，使用小提琴图展示保险公司对是否吸烟人群做出的保费情况，如图 6-15 所示。

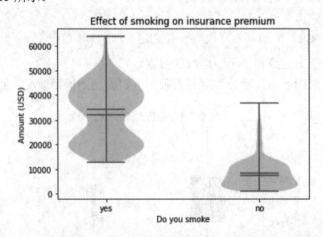

图 6-15　小提琴图分析是否吸烟对保费的影响

图 6-15 中使用小提琴图绘制出来是否吸烟人群保费金额的分布，从图 6-15 中可以看出吸烟的人群保费金额大多是集中在 2 万美元区间和 4 万美元区间，并且平均都在 3 万美金；而不吸烟人群的保费平均在 1 万美元，最多不到 4 万美元。

Matplotlib 中用于绘制小提琴图的方法为 violinplot()，绘制箱形图的函数为 boxplot()，代码如下所示。

```
plt.boxplot(x,vert=None,widths= None,patch_artist=None,showmeans=None)
plt.violinplot (x,vert=None ,widths=None,showmeans=None,showmedians=None)
```

boxplot 与 violinplot()参数说明如表 6-6 所示。

表 6-6　boxplot 与 violinplot()参数说明

参　　数	说　　明
x	指定绘制箱形图所需要的数据
vert	是否需要将箱形图垂直摆放，默认垂直摆放
widths	指定箱形图的宽度，默认为 0.5
patch_artist	是否填充箱体的颜色
showmeans	是否显示均值，默认不显示
showmedians	是否显示中位数

读取保险公司出保数据"insurance.csv"，分别筛选出所有吸烟人群的保费和不吸烟人群的保费，并分别添加到 all_data 中，再使用 all_data 分别绘制箱形图和小提琴图，代码如下所示。

```
import pandas as pd
df= pd.read_csv("insurance.csv")
all_data=[]
df_male=df[df['smoker']=='yes']['charges'].tolist()
all_data.append(df_male)
df_female=df[df['smoker']=='no']['charges'].tolist()
all_data.append(df_female)
all_data
plt.violinplot(all_data,widths=0.5,showmeans=True,showmedians=True)
plt.title('Effect of smoking on insurance premium')
plt.ylabel('Amount (USD)')
plt.xlabel('Do you smoke')

plt.show()
plt.boxplot(all_data,widths=0.3,patch_artist=True)
plt.title('Effect of smoking on insurance premium')
plt.ylabel('Amount (USD)')
plt.xlabel('Do you smoke')
plt.show()
```

为了更方便精确地读出图中的数据，可以在图中添加网格线和替换 x 轴的刻度名称。为图添加网格线可使用 plt.grid()方法，替换 x 轴刻度名称可使用 plt.xticks()方法，代码如下所示。

```
plt.xticks(ticks=None,labels=None)
```

参数说明如表 6-7 所示。

表 6-7　xticks()方法参数说明

参　　数	说　　明
ticks	刻度列表
labels	给定刻度 ticks 位置的标签

使用 plt. grid()方法与 plt. xticks()方法，为学生成绩分布箱形图添加与 y 轴刻度垂直的网格线，并设置 x 轴刻度标签，代码如下所示。

```
plt.xticks([1,2],[yes,'no'])
```

结果如图 6-16 所示。

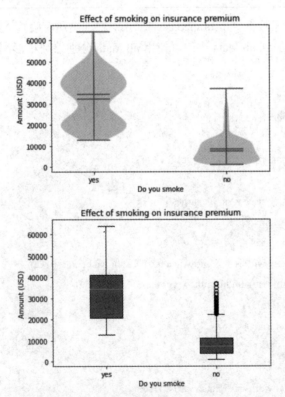

图 6-16　添加网格线与 x 轴刻度标签

4. 饼图

饼图又称为饼状图，表现为一个划分为几个扇形区域的圆形统计图表，通常用于描述量、频率或百分比之间的相对关系。展示一个月内各类型家庭支出占比的饼图如图 6-17 所示。

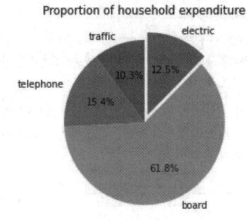

图 6-17 一个月内各类型家庭支出占比饼图

从图 6-17 中可以清晰地看出一个月内各类型家庭支出占总支出的比例,整个饼图的面积表示总消费额,每个扇形区域代表每个类型的支出占总支出的比例。其中,伙食费(board)最高, 占总支出的 61.8%, 占据了总支出一半以上。

Matplotlib 中用于绘制饼图的方法是 pie(),代码如下所示。

```
plt.pie(x,explode = None,labels = None,autopct = None,shadow = False,startangle = 0,radius = 1,
counterclock = True,colors = None)
```

参数说明如表 6-8 所示。

表 6-8 pie()方法参数说明

参　　数	说　　　　明
x	绘制饼图必备数据,一维数组
explode	该参数用于突出显示饼图中的指定部分
labels	设置每个扇形区域的标签
autopct	设置每个扇形区域上显示的百分比字符串样式
shadow	设置饼图的阴影,使饼图看上去有立体感,默认值为 False
startangle	设置第一个扇形区域的起始角度
radius	设置饼图的半径
counterclock	设置饼图扇形区域的显示方向,默认为 True,逆时针显示;设置为 False 时,顺时针显示
colors	调色盘用于设置每个扇形区域的颜色,不设置则使用默认调色盘,不需要设置该参数

使用 pie()方法绘制饼图,展示一个月内各类型家庭支出占比情况,设置顺时针显示,第一个扇形区域起始位置 90 度,并突出显示电费区域,代码如下所示。

```
x=[121, 600, 150, 100]
labels=['electric','board','telephone','traffic']
plt.title('Proportion of household expenditure')
plt.pie(x, labels=labels, autopct='%.1f%%',startangle=90,counterclock=False,explode = [0.1, 0, 0, 0])
```

5. 散点图

散点图是指在回归分析中，数据点在直角坐标系平面上的分布图。散点图表示因变量随自变量而变化的大致趋势，据此可以选择合适的函数对数据点进行拟合。例如，展示汽车时速与刹车距离的关系，如图 6-18 所示。

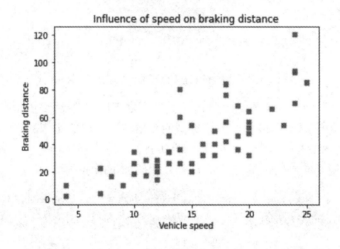

图 6-18　汽车时速与刹车距离的关系

通过图 6-18 中的点明显发现汽车的刹车距离与时速的关系，速度越快刹车距离越长，由此可得时速与刹车距离存在正相关性。从点的密集程度来看，大部分车辆速度在 10～20之间时，刹车距离都能控制在 20～60 之间。

Matplotlib 中用于绘制散点图的方法为 scatter()，代码如下所示。

```
plt.scatter(x,y,s=20,c=None,marker='o',alpha=None)
```

参数说明如表 6-9 所示。

表 6-9　scatter()方法参数说明

参　　数	说　　　　明
x	散点图中 x 轴的数据
y	散点图中 y 轴的数据
s	设置点的大小
c	颜色字符
marker	标记字符，默认为圆点(标记字符参照表 6-4 标记字符)
alpha	设置点的透明度

　　绘制汽车时速与刹车距离的关系散点图。读取车速关于刹车距离的 cars.csv 数据文件，将汽车时速 speed 作为 x 轴的数据，刹车距离 dist 作为 y 轴的数据，点的大小设置为 30，透明度设置为 0.9，代码如下所示。

```
cars = pd.read_csv('cars.csv')
plt.scatter(cars.speed, # x 轴数据为汽车速度
            cars.dist, # y 轴数据为汽车的刹车距离
            s = 30, # 设置点的大小
            marker = 's', # 设置点的形状
            alpha = 0.9, # 设置点的透明度
            linewidths = 0.3, # 设置散点边界的粗细
            )
plt.xlabel('Vehicle speed')
plt.ylabel('Braking distance')
plt.title('Influence of speed on braking distance')
```

6. 直方图

　　在绘制直方图前，需要对整体数据进行随机抽取采样，并加以整理，再绘制为直方图。直方图是用于了解数据的分布情况，更直观地看出数据的位置状态、离散程度和分布形态的常用工具。直方图如图 6-19 所示。

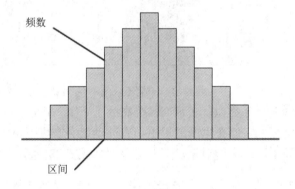

图 6-19　直方图

　　以某零件的生产为例，生产前客户会针对该零件提出要求(也就是规格)，规格一般包含规格上限与规格下限，在规格上下限内的产品即符合规格，生产过程中厂家会对产品进行抽样检查，检验产品是否符合规格。使用直方图与规格进行比较时，直方图可分为两类，即合规型与不合规型。

　　1) 合规型

　　合规型表示产品分布满足产品规格。具体可分为完美型、一侧无余率、双侧无余率和余率过大。其中，完美型为产品的预订规格均值与实际产品规格的均值呈重合状态，且实际产品规格的上下限与预订产品规格的上下限距离适中。证明在产品规格控制方面呈理想状态，可继续按照该标准生产。完美型如图 6-20 所示。

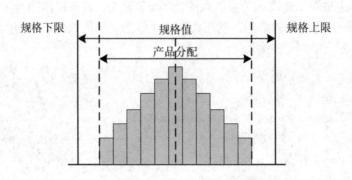

图 6-20 完美型

一侧无余率表示产品规格的分布均在预订规格值内,但实际产品的上限或下限紧贴预订产品规格的上限或下限,造成单侧拥塞,另一边余率过大,在生产过程中产品的规格稍有变化,就会产生不良产品。应及时找到原因,且设法使制品中心值与规格中心值吻合。一侧无余率如图 6-21 所示。

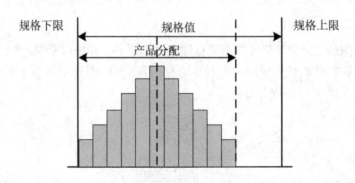

图 6-21 一侧无余率

两侧无余率与一侧无余率类似,表示产品分布的上下限与产品规格上下限重合,这种情况虽然能够满足规格要求,但在生产过程中稍有波动就会产生不良产品,最好是平均值保持原状,但变异方面采取缩小的对策。双侧无余率如图 6-22 所示。

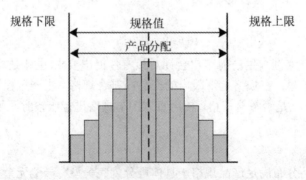

图 6-22 双侧无余率

余率过大表示产品分布过度集中,产品分布范围远远小于规格范围,证明产品生产能力远远要高于规格的要求,虽然不容易产生不良产品,但如果这种高标准是通过增加成本做到的，并不是一个良好的现象。应考虑放宽规格界限，降低人力以及物力的成本。余率过大如图 6-23 所示。

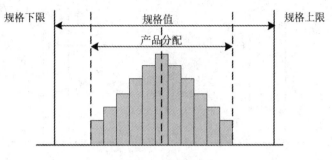

图 6-23　余率过大

2) 不合规型

不合规型表示呈现出的状态包含不符合规格的产品，不合规型包含三种状态：单边不良、双边不良和离岛现象。单边不良表示产品分布小于规格下限或大于规格上限。通俗地讲就是产品分布中包含不合规产品，需要及时进行调整，纠正平均值位置以提高品质。平均值偏向一边如图 6-24 所示。

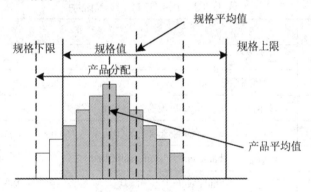

图 6-24　单边不良

双边不良表示产品分散程度过大，超过了规格的上限与下限，表示当前生产能力不满足规格，应对生产技术以及人员做出调整，或考虑规格是否过于严格。双边不良如图 6-25 所示。

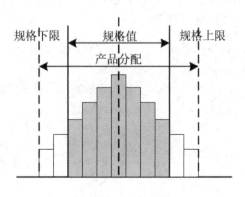

图 6-25　双边不良

离岛现象有"离岛"产品出现，且发生不良现象，说明过程有异常原因存在，应调查离岛的原因，判明离岛原因(通常为特异原因)并予以去除。离岛现象如图 6-26 所示。

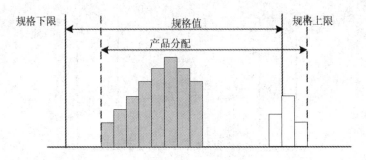

图 6-26　离岛现象

Matplotlib 中用于绘制直方图的方法为 hist()，代码如下所示。

```
pyplot.hist(x,bins=None,range=None,  density=None,  bottom=None,  histtype='bar',  align='mid',
log=False, color=None, label=None, stacked=False, normed=None)
```

参数说明如表 6-10 所示。

表 6-10　hist()方法参数说明

参　　数	说　　　　明
x	直方图数据
bins	统计的区间分布
range	显示的区间，range 在没有给出 bins 时生效
density	默认为 false，显示的是频数统计结果，为 True 则显示频率统计结果
histtype	可选{'bar', 'barstacked', 'step', 'stepfilled'}之一，默认为 bar
align	可选{'left', 'mid', 'right'}之一，默认为'mid'，控制柱状图的水平分布
log	默认 False，即 y 坐标轴是否选择指数刻度
stacked	默认为 False，是否为堆积状图

生成满足正态分布的实验数据，使用 hist()方法绘制柱状图，统计区间设置为 40，并设置显示频率统计结果，代码如下所示。

```
data_array = np.random.randn(800000)
plt.hist(data_array, bins=40,density=True)
plt.xlabel("Interval scale ")
plt.ylabel("data distribution ")
plt.title("histogram")
plt.show()
```

结果如图 6-27 所示。

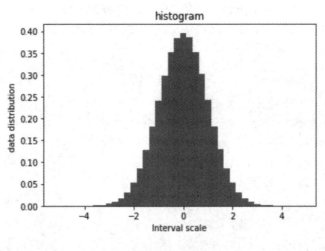

图 6-27　直方图

三、创建子图

上述绘图方法分别将图形绘制到了不同的 figure 中。如果想要将两个图绘制到同一个 figure 中，可以借助 plt.subplots()方法，该方法能够返回一个包含 figure 和 axes 对象的元祖，并且可以由两个变量分别接收，通常只会用到 axes 对象。plt.subplots()方法代码如下所示。

```
fig,axs = plt.subplots(nrows=1, ncols=1, figsize=(int, int))
```

参数说明如下所示。

(1) nrows 与 ncols：表示子图网格的行/列数。

(2) figsize：用于设置图的大小。

例如，生成一个 1×2 的子图网格，代码如下所示。

```
fig,axs = plt.subplots(nrows=1, ncols=2, figsize=(12, 4))
```

结果如图 6-28 所示。

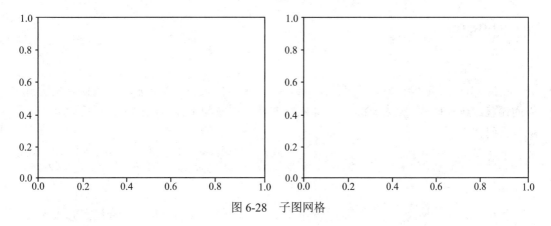

图 6-28　子图网格

子图网格生成后，使用 axs[int]的方式为每个子图添加图形，axs 下标从 0 开始，分别为 axs[0]和 axs[1]添加纵向条形图和横向条形图，代码如下所示。

```
#创建画布
fig,axs = plt.subplots(nrows=1, ncols=2, figsize=(12, 4))
# 绘图  x x 轴，height 高度，默认：color="blue", width=0.8
axs[0].bar(year, height=rainfall, width=0.8, align='edge')
axs[0].set_xlabel('year')
axs[0].set_ylabel('rainfall')
axs[0].set_title('Rainfall from 2000 to 2004')


# 绘图  y= y 轴，  left= 水平条的底部，height 水平条的宽度，width 水平条的长度
axs[1].barh(year, left=0, height=0.5, width=rainfall)
axs[1].set_xlabel('rainfall')
axs[1].set_ylabel('year')
axs[1].set_title('Rainfall from 2000 to 2004')
```

使用 subplots()方式绘制图标后，设置 title、xlabel 和 ylabel 需要分别使用 set_title()、set_xlabel()和 set_ylabel()方法，结果如图 6-29 所示。

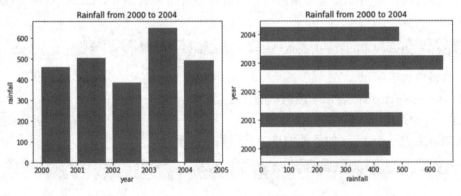

图 6-29　subplots()方式绘图

四、图形配置

1. 全局配置

使用 Matplotlib 绘图时，可以使用 plt.rcParams 对图表进行全局配置，包括对视图窗大小的调整、线条样式、坐标轴，坐标和网格属性，文本和字体等属性进行全局设置。全局配置代码如下所示。

```
plt.rcParams['keys'] = values
```

1) 字体设置

使用 Matplotlib 绘图时，默认情况下不支持中文显示，需要使用全局配置修改中文文字

体并且设置 "-" 符号能够正常显示。设置中文字体和符号参数说明如表 6-11 所示。

表 6-11　字　体　设　置

属　　性	说　　明
plt.rcParams['axes.unicode_minus'] = False	字符显示
plt.rcParams['font.sans-serif'] = 'SimHei'	设置字体
plt.rcParams['font.size'] = 13.0	设置字号

2) 线条样式

线条样式的调整主要针对折线图、曲线图等使用线条表示数据的图形，能够对线条进行风格样式、宽度、颜色等属性的修改。使用全局方式设置线条样式时，如果在绘图方法中设置的参数冲突则以绘图方法中的设置为准。线条全局配置如表 6-12 所示。

表 6-12　线　条　样　式

属　　性	说　　明
plt.rcParams['lines.linestyle'] = '-.'	线条样式
plt.rcParams['lines.linewidth'] = 3	线条宽度
plt.rcParams['lines.color'] = 'blue'	线条颜色
plt.rcParams['lines.marker'] = None	默认标记
plt.rcParams['lines.markersize'] = 6	标记大小

3) 轴样式

轴设置主要是对 x 轴与 y 轴 label 字体大小和最大刻度的设置。轴样式全局配置如表 6-13 所示。

表 6-13　轴　样　式

属　　性	说　　明
plt.rcParams['xtick.labelsize']	横轴字体大小
plt.rcParams['ytick.labelsize']	纵轴字体大小
plt.rcParams['xtick.major.size']	x 轴最大刻度
plt.rcParams['ytick.major.size']	y 轴最大刻度

4) 子图配置

子图配置常用的功能有两个，即子图标题尺寸设置与标签尺寸设置。子图配置如表 6-14 所示。

表 6-14　子　图　配　置

属　　性	说　　明
plt.rcParams['axes.titlesize']	子图的标题大小
plt.rcParams['axes.labelsize']	子图的标签大小

例如,使用全局配置设置支持中文,并修改折线图的标题与轴名称为中文,全局配置需要在绘制图形前进行设置才能够生效。中文设置与图标标题设置代码如下所示。

```
plt.rcParams['font.sans-serif'] = ['SimHei']
plt.rcParams['axes.unicode_minus'] = False
plt.rcParams['font.size'] = 13.0
```

结果如图 6-30 所示。

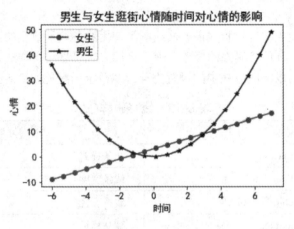

图 6-30   添加 title

2. 绘制网格线

为了使读到的数据更加准确无误,可在图中添加横向或者纵向网格线。为图形添加网格线方法为 plt.grid(),代码如下所示。

```
pyplot.grid(b, axis, color, linestyle, linewidth)
```

参数说明如表 6-15 所示。

表 6-15   grid()方法参数说明

参　　数	说　　明
b	布尔值,是否显示网格线
axis	指定以 x 轴或 y 轴生成网格线
color	网格线颜色
linestyle	设置网格线的风格
linewidth	设置网格线的宽度

例如,使用 plt.grid()方法为折线图添加网格线,网格线与 x 轴垂直,线性设置为虚线,代码如下所示。

```
plt.grid(b=True,axis='x',linestyle='--')
```

结果如图 6-31 所示。

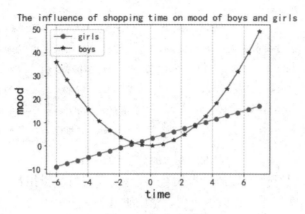

图 6-31　添加网格线

✍【任务实施】

第一步：新建文件。打开 Jupyter 新建一个文件，导入需要使用的依赖库，代码如下所示。

```
import pandas as pd
import numpy as np
import matplotlib.pyplot as plt
import re
```

本次操作一共用到了四个依赖库：第一个是数据分析和聚合用的 Pandas；第二个是数据运算处理使用的 NumPy；第三个是绘图用的依赖库；第四个是数据筛选和清洗使用的正则表达式库。

第二步：读取数据。使用 Pandas 当中的方法将提供的数据集读取，再将四个城市的数据合并，代码如下所示。

```
city_list = '北京,上海,广州,深圳'.split(',')
path_list = [f'./{i}历史天气.xlsx' for i in city_list]
df_list = []
for path in path_list :
        df = pd.read_excel(path)
        df['地区']= path[2:4]
df_list.append(df)
df_p = pd.concat(df_list)
```

在上述代码中，首先声明了北上广深四个城市的名称字符串，使用 split 将"，"作为依据将字符串拆分为数组，接着使用 for 循环将四个文件的名称拼接并且保存在 path_list，再使用 Pandas 当中的方法 read_excel()将文件读取，最后使用 concat 将内容合并使用 df_p 存储。

第三步：对数据进行处理。输出表中前 5 行的数据，如图 6-32 所示。

Out[1]:

	日期	最高温	最低温	天气	风力风向	空气质量指数	地区
0	2021-05-01 周六	30°	23°	多云	西南风2级	59 良	深圳
1	2021-05-02 周日	31°	24°	阴	东南风2级	49 优	深圳
2	2021-05-03 周一	26°	21°	小雨~多云	东风3级	39 优	深圳
3	2021-05-04 周二	30°	23°	多云~雷阵雨	东南风3级	34 优	深圳
4	2021-05-05 周三	30°	24°	阴~多云	北风2级	61 良	深圳

图 6-32　原来的空气质量指数

从图 6-32 中可以看到"空气质量指数"一栏包含了空气质量指数和天气的等级,在这里将数据进行拆分,空气质量指数为一列,空气质量等级为另一列,代码如下所示。

```
df_p['空气质量等级'] = df_p['空气质量指数'].map(lambda i:
re.compile(r'\s(\w{1,15})').findall(i)[0])
df_p['空气质量指数'] = df_p['空气质量指数'].map(lambda i:
re.compile(r'(\d*)\s').findall(i)[0]).astype('int32')
```

将数据"空气质量指数"拆分之后,使用 head()方法调用输出表头和前五行数据,如图 6-33 所示。

Out[3]:

	日期	最高温	最低温	天气	风力风向	空气质量指数	地区	空气质量等级
0	2021-05-01 周六	30°	23°	多云	西南风2级	59	深圳	良
1	2021-05-02 周日	31°	24°	阴	东南风2级	49	深圳	优
2	2021-05-03 周一	26°	21°	小雨~多云	东风3级	39	深圳	优
3	2021-05-04 周二	30°	23°	多云~雷阵雨	东南风3级	34	深圳	优
4	2021-05-05 周三	30°	24°	阴~多云	北风2级	61	深圳	良

图 6-33　拆分后的数据表

第四步:使用同第三步一样的方法将日期数据进行处理。除去日期后面的星期数,并且将风力等级和最高温度、最低温度也分别统计出来,最后将空气质量等级的中度、轻度、重度、严重等内容替换为中度污染、轻度污染、重度污染、严重污染等级别,代码如下所示。

```
df_p.loc[:,'日期'] = df_p['日期'].str[0:10]
df_p['风向'] = df_p['风力风向'].map(lambda i: i[:-2])
df_p.loc[:,'风力等级'] = df_p['风力风向'].map(lambda i: i[-2])
df_p.loc[:,'风力等级'] = df_p.loc[:,'风力等级'].map(lambda i: 0 if i == '微' else i).astype('int8')
df_p.loc[:,'最高温'] = df_p['最高温'].str.replace('°','').astype('int32')
df_p.loc[:,'最低温'] = df_p['最低温'].str.replace('°','').astype('int32')
del df_p['风力风向']
df_p['日期'] = pd.to_datetime(df_p['日期'])
df_p.set_index('日期',drop = False,inplace = True)
```

```
df_p.sort_index(inplace = True )
df = df_p.loc['2020-01-01':'2020-12-31']
def air_s(i):
    if i in ['中度', '轻度', '重度', '严重']:
        return f'{i}污染'
    else:
        return i
df.loc[:,'空气质量等级'] = df['空气质量等级'].map(air_s)
```

对数据处理完成以后，将表头和前五行数据输出，如图 6-34 所示。

Out[10]:

日期	日期	最高温	最低温	天气	空气质量指数	地区	空气质量等级	风向	风力等级
2020-01-01	2020-01-01	18	16	阴~多云	52	深圳	良	东南风	2
2020-01-02	2020-01-02	19	16	阴~多云	50	深圳	优	东南风	1
2020-01-03	2020-01-03	24	17	阴~多云	58	深圳	良	东南风	2
2020-01-04	2020-01-04	25	17	多云	56	深圳	良	东南风	2
2020-01-05	2020-01-05	24	18	阴~多云	42	深圳	优	东南风	2

图 6-34 最终数据集形式

第五步：绘制月平均温度的折线图。使用聚合函数 groupby 对数据进行分组统计，数据是不同地区的最高月平均温度，代码如下所示。

```
month_t = df.groupby([df.index.month,'地区'])['最高温'].mean().unstack()
month_t.plot(figsize=(10, 5))
plt.title(' "北上广深" 2020 气温变换折线图')
plt.xlabel('月')
plt.ylabel('温度℃')
```

在上述代码中，首先使用 month_t 统计了数据，接着调用了折线图绘制函数 plot，最后设置了标题和 x 轴以及 y 轴的文本，如图 6-35 所示。

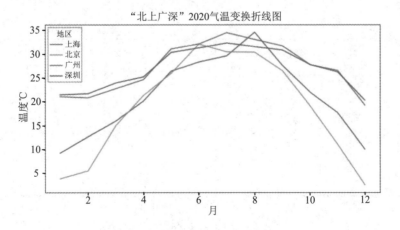

图 6-35 不同城市的月平均气温折线图

第六步：绘制箱线图和小提琴图。绘制各个城市的不同气温的天数的分布情况，使用箱线图和小提琴图表示气温的分散情况和多少情况，代码如下所示。

```
df_plot =   df[['最高温','地区']].set_index('地区',append = True).unstack().reset_index
(drop = True)
columns_plot_p = df_plot.columns.values.tolist()
columns_plot =[]
for i in columns_plot_p:
    a,b = i
    columns_plot.append(b)
data_p = list(df_plot.to_dict().values())
all_data = []
for i in data_p:
    values = list(i.values())
    all_data.append(values)
fig, axs = plt.subplots(nrows=1, ncols=2, figsize=(12, 4))
axs[0].violinplot(all_data,showmeans=False,showmedians=True)
axs[0].set_title('温度分布小提琴图(天)')
axs[1].boxplot(all_data)
axs[1].set_title('温度分布箱线图(天)')
for ax in axs:
    ax.yaxis.grid(True)
    ax.set_xticks([y + 1 for y in range(len(all_data))])
    ax.set_ylabel('温度℃')
plt.setp(axs, xticks=[y + 1 for y in range(len(all_data))], xticklabels= columns_plot)
```

上述代码中创建了两个子图，分别显示小提琴图和箱线图。运行上述代码，出现的结果如图 6-36 所示。

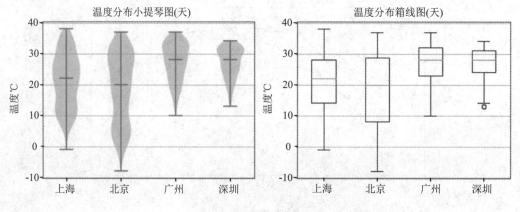

图 6-36　温度分布箱线图

小　　结

本项目通过介绍如何使用数据可视化的方式进行数据分析和如何使用 Matplotlib 工具进行数据可视化的效果展示，熟悉了不同图表在特定应用场景下表示的含义、掌握了各种常用图表分析方法和 Matplotlib 中绘制图标的方法。

总 体 评 价

通过学习本任务，看自己是否掌握了以下技能，在技能检测表中标出已掌握的技能。

评价标准	个人评价	小组评价	教师评价
(1) 是否掌握了各图形的分析方法			
(2) 是否掌握 Matplotlib 绘图方法			

注：A 表示能做到；B 表示基本能做到；C 表示部分能做到；D 表示基本做不到。

课 后 习 题

1. 选择题

(1) Matplotlib 的核心概念中用于表示整个图形的是(　　)。

A. Axes　　　　　　B. Artist　　　　　　C. Figure　　　　　　D. object

(2) 用于绘制折线图的方法为(　　)。

A. plt.plot()　　　　B. plt.polt　　　　　C. plt.bar　　　　　D. plt.barh

(3) 箱线图中下四分位数表示(　　)。

A. 一组数据排序完成后处于 50%位置的数

B. 一组数据排序完成后处于 75%位置的数

C. 一组数据排序后的结尾部分

D. 一组数据排序完成后处于 25%位置的数

(4) 使用 plt.pie()绘制饼图时想要设置突出显示饼图中的指定部分使用(　　)。

A. explode　　　　　B. autopct　　　　　C. radius　　　　　D. Colors

(5) 创建子图时使用(　　)设置图的大小。

A. psize　　　　　　B. ncols

C. nrows　　　　　　D. figsize

2. 简答题

(1) 简述 Matplotlib 中 Figure 表示什么。

(2) 简述什么是 pyplot。

参 考 文 献

[1] 崔庆才. Python 3 网络爬虫开发实战[M]. 北京：人民邮电出版社，2018.

[2] 唐松. Python 网络爬虫从入门到实践[M]. 2 版. 北京：机械工业出版社，2019.

[3] CHUN W. Python 核心编程[M]. 3 版. 孙波翔，李斌，李晗，译. 北京：人民邮电出版社，2018.

[4] 刘凡馨，夏帮贵. Python 3 基础教程[M]. 2 版. 北京：人民邮电出版社，2020.

[5] 王启明，罗从良. Python 3.6 零基础入门与实战[M]. 北京：清华大学出版社，2018.

[6] MCKINNEY W. 利用 Python 进行数据分析[M]. 徐敬一，译. 北京：机械工业出版社，2018.

[7] 明日科技. Python 数据分析从入门到实践[M]. 长春：吉林大学出版社，2020.

[8] 陈允杰. Python 数据科学与人工智能应用实战[M]. 北京：中国水利水电出版社，2021.

[9] 王国平. Python 数据可视化之 Matplotlib 与 Pyecharts[M]. 北京：清华大学出版社，2020.

[10] 张颖. Python 网络爬虫框架 Scrapy 从入门到精通[M]. 北京：北京大学出版社，2021.

[11] 东郭大猫. Scrapy 网络爬虫实战[M]. 北京：清华大学出版社，2019.